高层住宅建筑太阳能热水系统施工管理

天普新能源科技有限公司
北京新航城控股有限公司
中国建筑科学研究院有限公司
住房和城乡建设部科技与产业化发展中心
组织编写

中国建筑工业出版社

图书在版编目（CIP）数据

高层住宅建筑太阳能热水系统施工管理/天普新能源科技有限公司等组织编写. —北京：中国建筑工业出版社，2022.11

ISBN 978-7-112-28080-3

Ⅰ.①高… Ⅱ.①天… Ⅲ.①高层建筑—太阳能水加热器—热水供应系统—施工管理 Ⅳ.①TU822

中国版本图书馆CIP数据核字（2022）第200396号

责任编辑：张文胜
责任校对：董　楠

高层住宅建筑太阳能热水系统施工管理

天普新能源科技有限公司
北京新航城控股有限公司
中国建筑科学研究院有限公司
住房和城乡建设部科技与产业化发展中心
组织编写

*

中国建筑工业出版社出版、发行（北京海淀三里河路9号）
各地新华书店、建筑书店经销
北京龙达新润科技有限公司制版
北京建筑工业印刷厂印刷

*

开本：787毫米×1092毫米　1/16　印张：8½　字数：206千字
2022年11月第一版　2022年11月第一次印刷
定价：**35.00**元

ISBN 978-7-112-28080-3
（40050）

编　委　会

前　言

太阳能光热在建筑方面的应用历经了20余年的快速发展，让我国成为在全球太阳能热利用装机规模连续7年稳居世界第一的大国，截至2020年，我国太阳能热利用系统累计应用面积达到5.38亿m^2。目前，我国太阳能热利用的应用范围已经逐步从农村走向城市、从生活走向生产、从热水供应走向供暖空调、从单一能源走向多能互补综合应用。到2012年前后，全国多达3000多家太阳能热水器及配套生产销售相关的企业，其年产值从几千万元至几十亿元，行业发展达到了顶峰。尤其是在2010年以后，全国各地相继出现了太阳能热水应用强制安装政策及与其相关的建筑节能政策，给太阳能热利用行业快速发展提供了契机，行业随即进入转型升级阶段，大多数企业从单一的产品制造商转为综合能源服务商，从产品零售转向了规模化工程市场，经销商从零售商转化为工程商，一线消费者转化为房地产集采开发商和政府采购。

近几年，一些地区的开发商对太阳能的态度发生了较大转变，从过去的高度重视、卖点宣传开始转变为淡化选择、追求低成本，一些房地产开发企业只为满足节能验收政策，一味考虑降低成本而采取最低价中标，采购形势越来越严重，太阳能热水系统在建筑应用过程中的产品质量、系统设计、施工安装等问题也多有发生，以及工程质量以次充好造成用户投诉，致使工程项目运行管理困难，工程纠纷不断，致使一部分建筑安装的太阳能热水系统设备被关停或闲置而造成大量的资源浪费。这种情况也引起了国家相关部门的重视，一些地方政府部门也开始修改相关政策，鼓励其他新能源热水系统产品参与竞争或者逐步考虑取消太阳能热水系统在建筑配套中的强制安装政策，太阳能行业、相关部门、行业机构等也多次邀请行业专家、企业家、开发商等召开座谈会，剖析研究相关问题，并开展了相关的市场调查研究，寻找症结所在，为未来政府政策决策提供参考。

2017年9月5日，国务院发布了《关于开展质量提升行动的指导意见》，该意见要求以提高发展质量和效益为中心，将质量强国放在更加突出的位置，开展质量提升行动，加强质量监管，全面提升质量水平，加快培育国际竞争新优势，为实现“两个一百年”奋斗目标奠定质量基础。我国经济发展的传统优势正在减弱，实体经济结构性供需失衡矛盾和问题突出，特别是中高端产品和服务有效供给不足，迫切需要下最大气力抓全面提高质量，推动我国经济发展进入高质量时代。

2018年8月，中国农村能源行业协会太阳能热利用专业委员会召开了相关会议和论坛，开始了在太阳能光热应用领域全面提升产品质量的行动，制定“领跑者”行业标准，鼓励推广应用高品质光热产品。以天普新能源公司为代表的太阳能光热企业积极响应，制定企业的全面质量提升计划，在太阳能光热应用行业中，一场产品质量提升的行动开始了。

从国家规划到行业未来发展趋势来看，太阳能光热应用市场仍有巨大的发展空间。在“十三五”规划中，指导思想明确了生态环境质量总体改善，作为全面建成小康社会新的目标要求之一。确立实现“十三五”时期发展目标，必须牢固树立并切实贯彻创新、协调、绿色、开放、共享的发展理念。太阳能方面，“十三五”规划中提出“集热器安装保有量达到 8 亿平方米”的大目标，提高“太阳能供暖、工业供热具有市场竞争力”，以及落实“加快技术创新和产业升级”的要求，再次印证太阳能企业是政策指导下节能减排的主力军。住房和城乡建设部印发的《“十四五”建筑节能与绿色建筑发展规划》中强调：推动太阳能建筑应用。根据太阳能资源条件、建筑利用条件和用能需求，统筹太阳能光伏和太阳能光热系统建筑应用，宜电则电，宜热则热。推进新建建筑太阳能光伏一体化设计、施工、安装，鼓励政府投资公益性建筑加强太阳能光伏应用。在城市酒店、学校和医院等有稳定热水需求的公共建筑中积极推广太阳能光热技术。在农村地区积极推广被动式太阳能房等适宜技术。《北京市“十四五”时期能源发展规划》中强调，继续强化太阳能热水系统应用，鼓励有集中热水需求的学校、医院、酒店等建筑优先使用太阳能热水系统。继续在村镇建筑、农村住宅和城镇居住建筑推广应用太阳能热水系统。到 2025 年，新增太阳能热水系统应用建筑面积 400 万 m^2。

太阳能热水系统成为建筑的配套产业已经迈过 10 个年头，整体来讲，太阳能与建筑的一体化配套产品有了长足的进步，国家的相关标准、规范、图集等标准化工作已经较为完善，太阳能行业技术水平得到了快速发展，工程质量有了较大提高。但太阳能热水的系统设计、施工安装、运行管理等环节仍是确保项目顺利实施过程中质量监控的重中之重，工程项目能否达到预期效果，一般是“三分产品、七分安装”，可见安装过程在项目管理环节的重要性。

本书编写内容侧重于项目实施阶段的施工工艺和质量控制，附以施工管理和相关计算的部分内容，为读者提供理论指导和经验参考，具有一定的借鉴意义。

目　　录

第1章　概　　述 …… 1

1.1　背景 …… 1
1.2　北京市太阳能资源 …… 1
1.3　住宅建筑太阳能热水系统应用发展 …… 3
1.4　北京市太阳能热水系统相关标准及政策 …… 3
1.5　太阳能热水系统建筑应用工程质量调研分析 …… 4

第2章　太阳能热水系统工程项目管理 …… 11

2.1　项目组织管理 …… 11
2.2　项目实施流程与步骤 …… 11
2.3　质量控制 …… 13
2.4　进度控制 …… 18
2.5　安全管理 …… 19
2.6　档案及信息管理 …… 20

第3章　高层住宅建筑太阳能热水系统施工方案 …… 22

3.1　太阳能热水系统施工总则 …… 22
3.2　太阳能热水系统常见施工组织设计 …… 23
3.3　太阳能集热系统施工安装 …… 32
3.4　太阳能储热系统安装 …… 49
3.5　其他能源辅助加热/换热设备安装 …… 51
3.6　水泵、管道及其他附件安装 …… 55
3.7　控制系统安装 …… 73
3.8　系统调试与验收 …… 78

第4章　高层住宅建筑太阳能热水系统运行管理 …… 80

4.1　价格及费用管理 …… 80
4.2　监测及控制 …… 82
4.3　日常运行维护 …… 83

4.4 常见故障及解决办法…… 87

第 5 章 北京市新航城安置房太阳能热水系统项目管理 …… 92

5.1 北京市新航城安置房项目简介…… 92
5.2 技术分析与设计方案…… 93
5.3 项目实施特点…… 95
5.4 项目组织…… 95
5.5 项目实施成效…… 97

第 6 章 太阳能热水系统节能减碳量 …… 99

6.1 工程运行评价方法…… 99
6.2 碳减排计算方法 …… 101
6.3 本章小结 …… 103

第 7 章 总结与展望 …… 104

7.1 总结 …… 104
7.2 展望 …… 104

附 录 …… 106

附录 1 “十四五”建筑节能与绿色建筑发展规划（节选） …… 106
附录 2 北京市“十四五”时期能源发展规划（节选） …… 112

参考文献 …… 125

第1章　概　　述

1.1　背景

随着全球能源危机的加剧和生态环境的恶化，我国对太阳能的利用需求逐渐增加，对保护环境的力度加大。2020年，在第七十五届联合国大会一般性辩论上，我国承诺力争在2030年前实现碳排放达峰、努力争取2060年前实现碳中和。我国建筑碳排放量占到全国总碳排放量的近1/3，其中，暖通空调和热水的能耗占建筑能耗的比例约为60%，且伴随着城市化进程，我国每年新增建筑面积20亿m^2，也意味着建筑领域的温室气体排放量仍将进一步攀升，因此建筑领域的节能减碳是实现我国"碳达峰、碳中和"目标的"关键一环"。

我国的建筑节能工作从20世纪80年代初开始，通过被动式设计和高效暖通空调设备的应用已经实现建筑能耗的大幅降低，国家标准《近零能耗建筑技术标准》GB/T 51350—2019的发布与实施，标志着建筑节能已经迈向超低能耗、近零能耗和零能耗建筑，对可再生能源的应用提出了新的要求。太阳能作为无污染、取之不尽用之不竭的可再生资源，在建筑节能方面有着相当大的优势。

1.2　北京市太阳能资源

北京市属于太阳能资源丰富区，水平面上年辐照量为5570.48MJ/m^2。每月的太阳辐照量见表1-1。

北京地区水平面上太阳辐照量　　表1-1

月份	1月	2月	3月	4月	5月	6月	7月	8月	9月	10月	11月	12月
T_a(℃)	−4.6	−2.2	4.5	13.1	19.8	24	25.8	24.4	19.4	12.4	4.1	−2.7
H_t[MJ/(m^2·d)]	9.143	12.185	16.126	18.787	22.297	22.049	18.701	17.365	16.542	12.730	9.206	7.889

从表1-2可以看出，北京市的太阳辐照量远优于北欧地区，如丹麦、瑞典等国家。而北欧是世界上太阳能热利用最好的区域之一，因此从资源角度看，北京市非常适合利用太阳能。

太阳能资源分区及分区特征① **表 1-2**

分区	太阳辐照量［MJ/(m²·a)］	主要地区	月平均气温≥10℃、日照时数≥6h 的天数(d)
资源极富区	≥6700	新疆南部、甘肃西北一角	275 左右
		新疆南部、西藏北部、青海西部	275～325
		甘肃西部、内蒙古巴颜淖尔盟西部、青海一部分	275～325
		青海南部	250～300
		青海西南部	250～275
		西藏大部分	250～300
		内蒙古乌兰察布盟、巴颜淖尔盟及鄂尔多斯市一部分	>300
资源丰富区	5400～6700	新疆北部	275 左右
		内蒙古呼伦贝尔盟	225～275
		内蒙古锡林郭勒盟、乌兰察布、河北北部一隅	>275
		山西北部、河北北部、辽宁部分	250～275
		北京、天津、山东西北部	250～275
		内蒙古鄂尔多斯市大部分	275～300
		陕北及甘肃东部一部分	225～275
		青海东部、甘肃南部、四川西部	200～300
		四川南部、云南北部一部分	200～250
		西藏东部、四川西部和云南北部一部分	<250
		福建、广东沿海一带	175～200
		海南	225 左右
资源较富区	4200～5400	山西南部、河南大部分及安徽、山东、江苏部分	200～250
		黑龙江、吉林大部	225～275
		吉林、辽宁、长白山地区	<225
		湖南、安徽、江苏南部、浙江、江西、福建、广东北部、湖南东部和广西大部分	150～200
		湖南西部、广西北部一部分	125～150
		陕西南部	125～175
		湖北、河南西部	150～175
		四川西部	125～175
		云南西南一部分	175～200
		云南东南一部分	175 左右
		贵州西部、云南东南一隅	150～175
		广西西部	150～175
资源一般区	<4200	四川、贵州大部分	<125
		成都平原	<100

① 郑瑞澄主编．民用建筑太阳能热水系统工程技术手册（第二版）．北京：化学工业出版社，2011.

1.3　住宅建筑太阳能热水系统应用发展

随着人们生活水平的不断提高以及全面建设小康社会的不断展开，住宅中热水的需求量就会越来越大。在我国经济发达的地区，住宅热水的能耗占建筑总能耗的 15%左右，而且还在日益增长。太阳能热水系统因其安全可靠、节能环保、方便实用、适用性好等特点，已成为当前住宅中应用最广泛的产品。

太阳能热水系统具有以下优点：（1）取之不尽的能量来源，最低成本供应热水，只要有阳光，即可进行光热转换，一年四季均可运行；（2）绿色环保，太阳能作为一种洁净的可再生能源，具有其他能源无可比拟的无环境污染及无安全隐患等优点；（3）使用寿命相对较长，主要部件集热器设计使用寿命约为 15 年；（4）经济效益显著。

在住宅建筑应用的太阳能热水系统主要分为以下几种类型：

（1）集中集热—集中储热太阳能热水系统：采用集中的太阳能集热器和集中的贮水箱供给一幢或几幢建筑物所需热水的系统，简称为集中式系统。其辅助加热系统包括集中辅助加热系统和分散辅助加热系统。

（2）集中集热—分散储热太阳能热水系统：采用集中的太阳能集热器和分户的贮水箱供给一幢或几幢建筑物所需热水的系统，简称为集中—分散系统。

（3）分散式太阳能热水系统：采用分户的太阳能集热器和分户的贮水箱供给各个用户所需热水的小型系统。比如：紧凑式家用太阳能热水器、阳台壁挂式太阳能热水器等。

根据不同类型太阳能热水系统的特点，给出适用的建筑类型推荐表，见表 1-3。

适用建筑类型推荐　　　　**表 1-3**

建筑类型		别墅/洋房	多层	高层(7～12 层)	高层(12 层以上)
集中式系统（集中辅热）	商品房	—	○	○	○
	保障房		—	—	—
集中式系统（分散辅热）	商品房	○	○	●	●
	保障房		○	●	●
集中-分散系统	商品房	○	○	●	○
	保障房		○	○	○
分散式系统	商品房	●	●	○	○
	保障房		●	●	○

注：表中“●”为推荐选用；“○”为有条件选用；“—”为不宜选用。

1.4　北京市太阳能热水系统相关标准及政策

1.4.1　北京市太阳能热水系统相关标准

《建筑节能与可再生能源利用通用规范》GB 55015—2021 中强制规定如下：新建建筑

应安装太阳能系统。

北京市《居住建筑节能设计标准》DB11/891—2020 中规定如下：

(1) 当有其他热源或可再生能源可利用时，不应采用市政供电作为生活热水系统的主体电源。

(2) 当采用太阳能进行生活热水供应时，应根据建筑功能、安装条件、用热水规律、使用者要求等因素，按下列规定设置：

1) 日均用热水量宜按照《民用建筑太阳能热水系统应用技术规程》DB11/T 461—2019 表 4.3.1-2 中用水定额下限值选取；

2) 太阳能热水系统热损比大于 0.6 的，不宜采用集中式热水供应系统；

3) 采用分散辅热且辅热热源位置应靠近用水点；

4) 宜采用定时循环方式；

5) 太阳能有效利用率不应小于 40%。

部分地区的节能设计标准规定从顶层往下 12 层强制安装太阳能热水系统。

1.4.2 相关激励政策

《北京市太阳能热水系统城镇建筑应用管理办法》(京建法〔2012〕3 号) 对太阳能热水系统的应用提出了强制安装条件。2014 年颁布的《北京市民用建筑节能管理办法》提出在民用建筑中推广太阳能、地热能、水能、风能等可再生能源的利用。民用建筑节能项目按照国家和北京市规定，享受税收优惠和资金补贴、奖励政策。

1.5 太阳能热水系统建筑应用工程质量调研分析

1.5.1 太阳能热水系统建筑应用工程基本情况

1. 太阳能热水的用途

住房和城乡建设部科技与产业化发展中心在 2015—2017 年开展的居民生活热水使用调查结果显示，太阳能热水用于洗浴的比例为 96.7%，仅有 3.3%的居民因太阳能热水水量不足或不好用等将太阳能热水改造后只用于厨房和家务等，另购热水设备用于洗浴，如图 1-1 所示。

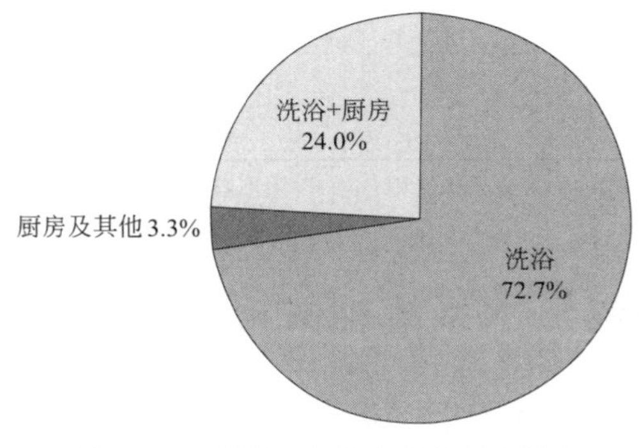

图 1-1 太阳能生活热水用途调查结果

2. 太阳能热水系统类型

在应用太阳能热水系统的居民中，户用太阳能热水器（集热器位于屋顶或阳台）的比重较大，占86.3%，其中集热器位于屋顶的比例为76.5%，如图1-2所示。

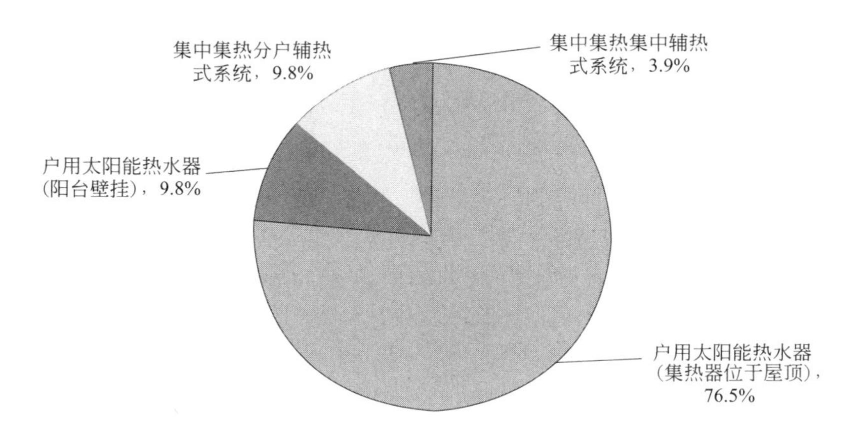

图1-2 太阳能热水系统类型分布

1.5.2 太阳能热水系统建筑应用工程运维情况

基于对363位使用太阳能热水居民的访谈和问卷调查，从热水使用、用水行为、问题表现等方面对太阳能热水系统建筑应用工程运维情况分析如下。

1. 热水水量基本满足要求

太阳能热水主要用于洗浴，用途单一。基于此，近75%的居民认为太阳能热水满足或基本满足日常使用，但仍存在25%的居民认为太阳能热水水量不足或者水温低，尤其是在冬季近55%的居民表示没有足够的热水使用。此外，在访谈中了解到，在高层建筑集中式太阳能热水系统项目中，随着入住率的增加，热水不足的情况普遍存在，分户式阳台壁挂式太阳能热水系统项目因户均集热面积大，热水量基本都能满足，如图1-3所示。

2. 居民对运行费用缺乏认识、用热水行为不节能

在用热习惯上，43.8%的居民会24h给储热水箱通电，有56.2%的居民会在使用时开启。毋庸置疑，使用时开启是相对节能的，24h保持通电耗电量是大的。在对太阳能热水系统运行费用高低的判断上，有55.3%的人认为太阳能热水是划算的，有38.6%的居民对是否划算没有概念，仅有1.1%的居民认为太阳能热水不划算，如图1-4所示。通过进一步分析发现，因认为太阳能热水是划算的，居民才会24h给储热水箱通电，这类居民占到24h给储热水箱通电人数的98%，说明居民对太阳能热水运行费用缺乏认识，导致用热水行为相对不节能。

3. 太阳能热水系统问题表现

从太阳能热水系统问题表现的调查结果来看，太阳能热水系统问题主要表现在水箱故障、管道泄漏及忽冷忽热等。水箱故障主要是控制面板不灵敏、辅助加热故障、连接处泄漏等，如图1-5所示。

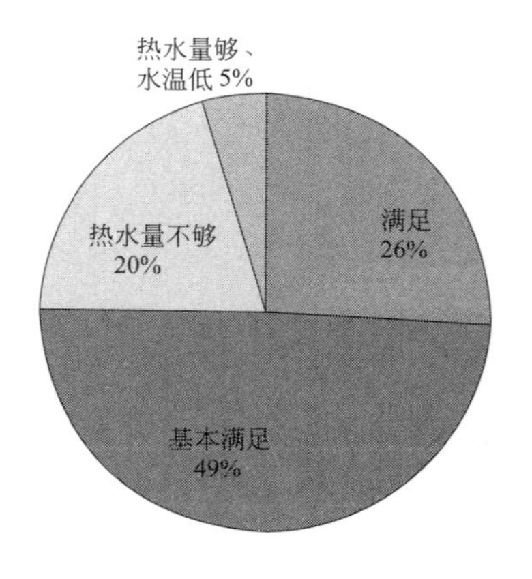

图 1-3　太阳能热水满足居民使用需求情况

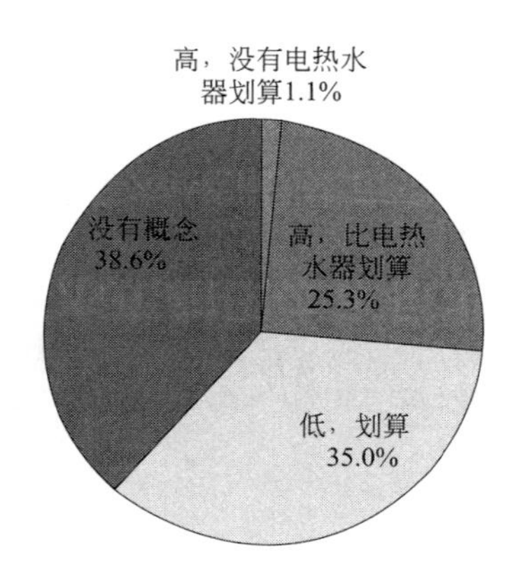

图 1-4　居民对太阳能热水系统运行费用的认识

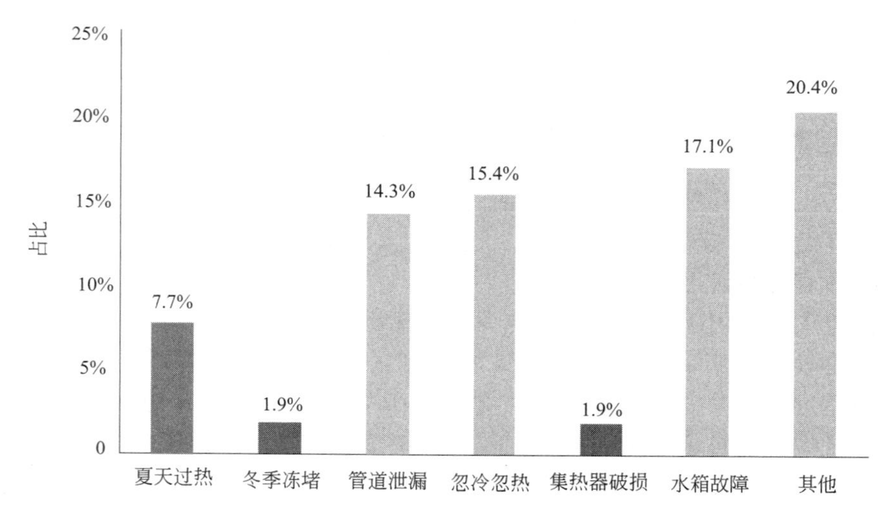

图 1-5　太阳能热水系统问题表现

注：其他指水垢多、噪声大等。

4. 运维服务不到位

在运维方面，39%的居民所在小区物业部门有专人负责太阳能热水系统的运维，31%的居民所在小区物业部门有人员兼管太阳能热水系统，30%的居民所在小区无人负责管理太阳能热水系统，处于无人管理的状态，如图 1-6 所示。太阳能企业在质保期内对太阳能热水系统的售后服务也不到位，61%的居民表示在遇到使用问题时太阳能企业会积极配合，余下的居民面对的是太阳能企业的无故拖延、置之不理或修不好，如图 1-7 所示。

5. 大部分居民愿意使用太阳能热水

在对太阳能热水系统整体评价上，4.4%的居民认为不舒适，1.9%的居民认为不节能，其他居民对太阳能热水系统的评价尚可，如图 1-8 所示。在是否愿意使用太阳能热水的意愿上，87.6%的居民表示愿意，12.4%的居民不愿意使用太阳能，如图 1-9 所示。

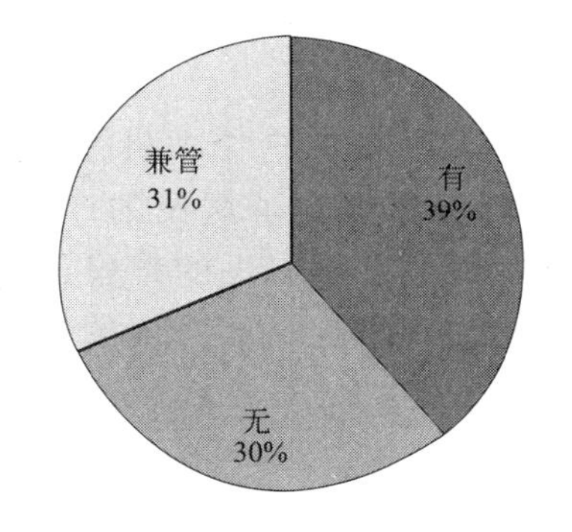

图 1-6　物业部门对太阳能热水系统的管理情况

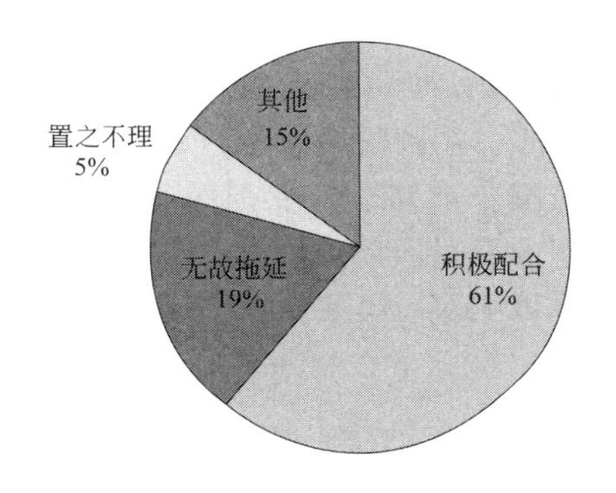

图 1-7　太阳能企业的售后服务情况

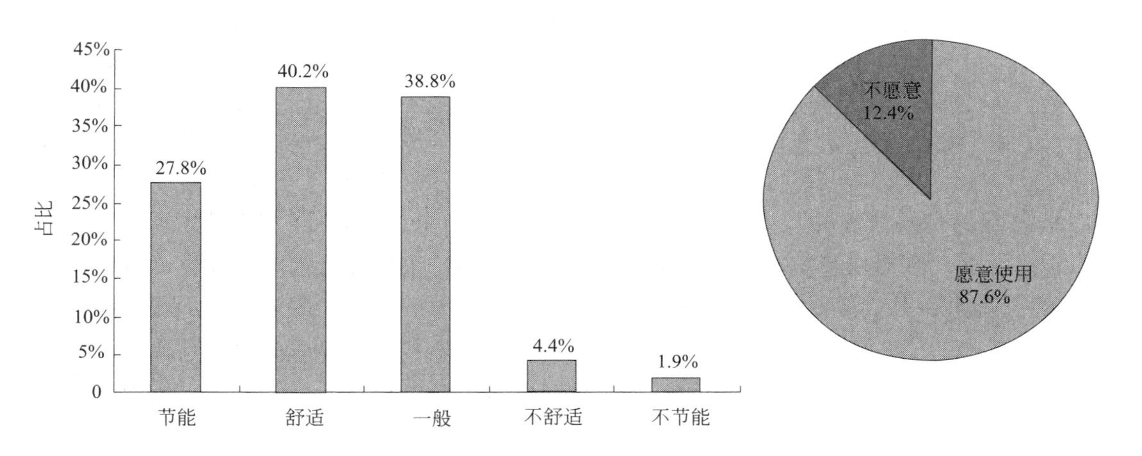

图 1-8　居民对太阳能热水系统的评价

图 1-9　居民使用太阳能热水的意愿

6. 集中式太阳能热水系统运维情况分析

作为最复杂的太阳能热水系统形式，集中式太阳能热水系统的运维深受关注。在 19 个住宅集中式太阳能热水系统建筑应用工程调研中，6 个工程为集中集热—集中储热的太阳能热水系统，其中有 1 个工程因故未运行，13 个工程为集中集热—分散储热的太阳能热水系统，现将其运维情况分析如下。

（1）运行状况

在运行的 18 个集中式太阳能热水系统建筑应用工程中，根据物业部门的反馈，运维费用主要集中在部件更换、水泵更换及管道防冻等费用上，且空气源热泵和燃气锅炉是较好的辅助热源。从盈亏情况看，2 个工程处于盈利状态，2 个工程持平，9 个工程亏损，5 个工程因物业不负责运维工作，缺乏盈利方面的数据。

（2）运行维护不到位

9 个集中式太阳能热水系统建筑应用工程在物业部门接管时太阳能企业对其进行了指导培训，但仅有 1 个工程认为培训效果好，其余的 8 个工程认为效果一般。在交付使用后，72％的工程由物业部门管理，有 28％的工程处于无人管理的状态。在维修方面，物业部门 22％的维修诉求被太阳能企业置之不理，17％无故拖延，61％的维修诉求会得到积极配合，且存在有部分太阳能企业提出的维修费用过高导致物业部门无法承受的现象，致使工程带着故障运行，影响运行效果。总体来看，物业部门和太阳能企业对太阳能热水系统的运维情况均不到位。

此外，在调研中发现，不同的项目在运维方面差异很大，有三个项目因太阳能企业积极配合维修，物业部门专人负责日常管理，运行效果得到了居民的广泛认可，但更多的项目因故障时太阳能企业不够配合，运维不到位，对居民的维修诉求无法做出积极响应，甚至发生过冲突，所以，物业部门抵触太阳能热水系统的情绪普遍存在。

1.5.3 调查结果分析

1. 太阳能热水拥有良好的群众基础

在新闻或各类会议中，常有太阳能热水系统无法使用或效果不佳的信息在传播。但调查发现，87.6%的居民是愿意使用太阳能热水的，有12.4%的居民因故障多、不舒适及热水量不够等原因不愿意使用太阳能。在济南、银川、昆明等地，即便没有统一配置太阳能热水，有少数居民还是会自行安装。可见，居民还是接受太阳能提供热水的，群众基础良好。

2. 产品质量有待提升

管道泄漏、水箱故障是太阳能热水系统的常见故障，集热器破损时有发生。这些产品及零部件故障说明太阳能产品质量不过关。造成这种现象的原因是多方面的，房地产企业主要是因太阳能热水强制推广政策才选择安装太阳能热水，为压缩建造成本，在供不应求的房地产市场环境下，配备太阳能热水系统难以成为房屋的销售亮点。此外，房地产企业是采购主体，却不是使用者，没有足够的动机去选择质量好的产品，即便有居民愿意使用太阳能热水，极有可能遇到的都是质量差的太阳能热水产品。对太阳能企业的调查也佐证了这一情况，仅有20%的企业认为过硬的产品质量是中标的条件之一，66.7%的企业认为低的投标价格才是中标关键。在利益的驱使下，低的价格和过硬的产品质量难以共存，如图1-10所示。

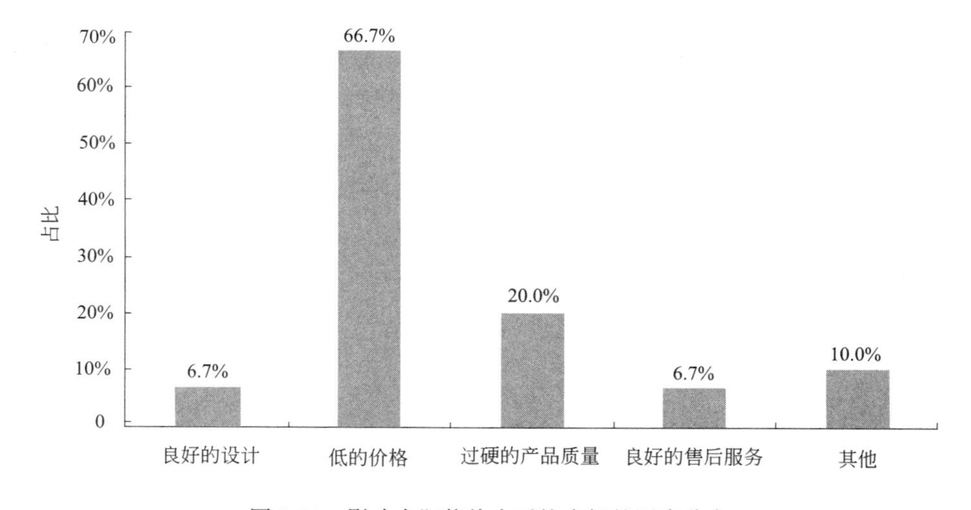

图1-10 影响太阳能热水系统中标的因素分布

3. 系统设计和施工水平有待提升

高层建筑越来越多，集中集热式太阳能热水系统因屋顶面积有限，难以满足居民用水需求已是常态。所以，在高层住宅太阳能热水系统设计上需要根据建筑特点和居民用水特点优化系统设计，尽可能选择阳台壁挂式，但必须克服高空安装太阳能集热器的安全性难题。此外，有的项目将储热水箱放在室外、膨胀阀过小、介质配置失误等，所有这些问题都需要进一步加强太阳能热水系统的设计合理性和科学性。调查数据显示，太阳能企业在太阳能热水系统设计上占据重要地位，设计院参与度不高，如图1-11所示。因太阳能企业缺乏专业的给水排水和暖通空调设计能力，以套用标准图集为主，无法统筹考虑整体建筑设计，加之设计院对太阳能相关产品缺乏了解，导致太阳能热水系统难以实现同步设计。

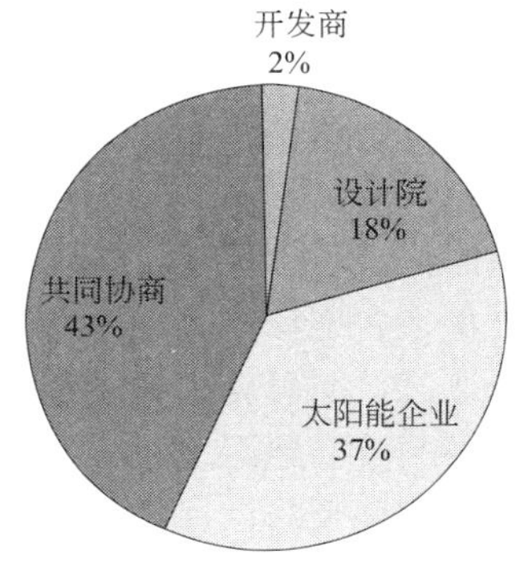

图1-11 太阳能热水系统设计主体

在调研太阳能热水工程时发现，在运行两三年的项目里保温层脱落、连接件掉落、设备安装不平整、管道布置混乱等现象十分常见，甚至有的项目将集热器上下方向装反，致使集热器内布满水珠。有数据显示，施工问题导致的太阳能热水系统故障的投诉占市长热线的比例最高。究其原因，主要是因太阳能热水系统施工资质不明确，施工队伍缺乏专业素质，施工质量也成为困扰项目运行效果的重要原因之一。

4. 运维难题亟待解决

调研发现，集中集热—集中储热式太阳能热水系统工程运维最为困难，其次是集中集热—分散储热式太阳能热水系统工程，阳台壁挂式太阳能热水系统工程相对好一些。因热水费收取困难、热水不足、用水居民少及故障多等因素，物业部门抵触情绪大，部分集中集热—集中储热式太阳能热水项目处于停运或者无人管理的状态。从现有的解决方法上看，济南市要求太阳能企业承担太阳能热水系统的售后服务，出现问题后居民直接联系太阳能企业；银川市要求物业部门负责太阳能热水系统的运维，居民直接找物业部门解决问题，物业根据实际问题决定是否依托太阳能企业解决问题。但在实际执行过程，因缺乏法律依据，物业部门无法增收太阳能热水系统的相关费用，主动性不高，且缺乏太阳能热水系统专业专业知识，解决问题的能力有限，即便在质保期内，仍仅有61%左右的太阳能企业会积极开展售后服务。因此，需要从制度设计、技术能力提升等方面解决太阳能热水系统的运维困境。

1.5.4 太阳能热水系统建筑应用质量提升的政策建议

第一，规范太阳能光热建筑应用产品，提升产品品质。太阳能产品技术门槛低，作坊式企业不在少数，产品同质化严重，质量参差不齐，在“低价中标”的市场环境下，劣质产品及零部件充斥市场，使得管道泄漏、水箱故障及集热器破损等产品故障时有发生，成为困扰太阳能光热建筑项目运维的主要难题。对此，建议出台太阳能光热建筑应用产品规范制度，提高集热器、水箱及管道等产品性能，加强产品进场后现场抽样和检测，全面提升太阳能光热建筑应用关键产品和部件的性能标准。

第二，提升系统设计水平，确保工程质量。随着高层建筑越来越多，集中集热式太阳能热水项目因屋顶面积有限，难以满足居民用水需求已是常态，户用阳台壁挂式系统尽管能够解决此问题，但保证高空安装太阳能集热器的安全性却不容忽视，尽管现有标准图集提出应统一配置托台，但仍有部分新建项目无法做到统一设计，未按要求执行，留下安全隐患，因此中高层户用阳台壁挂式太阳能热水系统应强制统一配置托台。此外，集热器受遮挡、水箱选型过大、水箱放在室外、膨胀阀过小、管道过长及未进行保温处理等设计不合理的现象时有发生，严重影响太阳能热水系统效率。建议设计院和太阳能企业联合开展太阳能热水系统设计，鼓励太阳能企业持有给水排水专业设计资质，提升太阳能热水系统设计水平，推动同步设计。

第三，明确施工资质和施工质保期，提升系统施工水平。施工质量已成为困扰项目运行效果的重要原因之一，在太阳能热水系统建筑应用工程调研时发现，在运行两三年的项目中保温层脱落、连接件掉落、设备安装不平整、管道布置混乱等现象十分常见。有数据显示，施工问题导致的太阳能热水系统故障的投诉占市长热线的比例最高。建议提出太阳能热水系统施工资质，填补太阳能热水系统施工资质空白，解决施工乱象，实行施工质保期，提升系统施工水平，确保工程质量。

第四，落实太阳能热水系统建筑应用运维主体和责任，解决运维难题。

与太阳能光伏、空气源热泵及地源热泵等可再生能源利用形式相比，太阳能热水系统的运维更加复杂。根据现有的太阳能热水系统推广应用政策，太阳能热水系统的运维方式有两种：一是要求太阳能企业承担太阳能热水系统的售后服务，出现问题后居民直接联系太阳能企业，以济南市为代表；二是要求物业部门负责太阳能热水系统的运维，以银川市为代表。尽管这两种方式看似能够有效解决太阳能热水系统的运维难题，但在实际执行过程中，因物业费中无法增加有关太阳能热水系统的运维费用，物业部门积极性不高，加之即便在质保期内，仍有约40%的项目未得到太阳能企业的积极配合，导致部分太阳能热水系统缺乏运维，运行效果欠佳。对此，不仅需要注重产品和工程质量，还急需规范太阳能热水系统的维护，明确责任主体和相关责任，在建优质工程的基础上，将太阳能热水系统的运维规范化，确保运行效果，提升节能减排成效。

第 2 章　太阳能热水系统工程项目管理

2.1　项目组织管理

常见的项目组织管理原则为：项目经理负责制。

项目经理是第一责任人，对项目负全责；项目副经理是本项目技术和质量的直接领导，协助经理对工程质量管理工作进行具体的组织和指导，保证工程进度按计划完成。

技术负责人负责质量管理日常工作、编制质量实施计划、负责组织工程施工质量的检查、施工技术资料的审核、监督施工人员贯彻执行技术质量标准规程。

施工员负责项目中专业技术和质量工作、编制保证施工质量的技术措施、组织对重要设备和材料进场验收、组织施工中的预检、隐检及质量保证措施的实施、组织施工图纸会审、技术交底、编制质量保证的技术措施，解决施工质量中的技术问题。

质检员严格监督生产班组按设计图纸、规程、规范进行施工，参加预检、隐检，把检查中发现的问题及时反馈给有关人员、限期整改。

安全员负责本工程的安全生产管理、安全防护措施的实施、检查验收等；负责现场的文明施工和消防卫生活动；通过安全的管理，从而避免工程因安全事故造成的人员伤亡和劳动生产率降低，保证工程工期的实现。

材料员负责工程中各类设备材料的确认和调配，认真分析各工序材料的需用量，做好各种物资供应计划；保证各种材料设备按工程要求进场，保证各工序按计划顺利实施。

2.2　项目实施流程与步骤

2.2.1　施工前准备工作

太阳能热水系统的施工准备工作包括以下几个方面：

1. 施工人员准备

根据工程质量和工期要求，组建项目部领导班子，推行项目合法施工。在工程开工前对施工负责人、技术员、安全员和工人进行专门的岗位培训，对施工人员进行安全三级教育，提高全体职工质量意识、安全意识和文明施工意识。

2. 施工现场准备

进场后统一筹划，材料等按平面布置图进行布置，认真组织搭设好临时设施，统一组建临时施工用电、用水、排水、消防水以及仓库用房等基础设施，以利于施工生产顺利进行。

3. 施工物资准备

确认各种施工所需的材料、设备、机械、机具等完好，无缺项、漏项和损坏等，集热器、贮水箱、阀门、管路等应符合设计和标准要求。做好各种施工物资的进场计划，对进入现场的机具认真做好检修与保养，使其处于待命操作状态。

4. 技术准备

相关人员要认真识图，对工艺、材料及图纸情况进行审查，凡对工艺要求有疑义、材料货源有问题的，可在图纸会审时提出。对设计内容有疑问及不懂之处，应及时向设计方反馈。

5. 建立相关施工制度

为保障施工过程顺利进行，至少应建立以下几个方面的制度：

（1）技术交底制度：为保证参与施工人员充分了解设计和施工要求，在单位工程、分项工程施工前，均必须对有关人员进行技术交底工作。技术交底的内容可包括图纸、设计变更、施工组织设计、施工工艺、操作规程、质量标准和安全措施等，对于新结构、新材料、新技术则应详细交底。

（2）工程质量检查和验收制度：除根据国家相关标准进行逐项检查外，还须根据建筑安装工程特点，分别对隐蔽工程、分项工程和交工工程进行技术检查和验收。验收项包括但不限于：1）工程施工质量应符合相关专业验收规范的规定；2）安装工程施工应符合工程设计文件的要求；3）参加工程施工质量验收的各方人员应具备规定的资格；4）工程质量验收应在施工单位自行检查评定的基础上进行；5）隐蔽工程在隐蔽前应由施工单位通知有关单位进行验收，并应形成验收文件；6）试件以及有关材料，应按规定进行见证取样检测；7）检验批的质量应按主控项目和一般项目验收；8）对涉及使用功能的重要分部工程应进行抽样检测；9）承担见证取样检测及有关结构安全检测的单位应具有相应资质；10）工程的观感质量应由验收人员现场检查，并共同确认。

（3）工程技术档案制度：为了系统地积累施工技术、经济资料，保证工程交工后合理使用，并为今后维修、改扩建提供依据，应建立工程技术档案，系统记录工程建设全过程中具有保存价值的技术材料。由施工单位建立并保存的技术档案包括但不限于：施工组织设计及经验总结；新结构、新技术、新材料的试验研究资料及其经验总结；重大质量、安全事故情况分析及其补救措施；有关技术管理的经验总结及重要技术决定；施工日志以及临时设施施工图。竣工验收交由建设单位保存的技术资料有：竣工验收证明、竣工图和竣工项目一览表（竣工工程名称、位置、结构、层数、工程量或安装的设备、装置的数量等）；图纸会审记录、设计变更和技术核定单；材料、构件的质量合格证明及其试验检验记录；隐蔽工程验收记录；工程质量检验认定和事故记录；材料试验及检查记录；施工和设计单位提出的使用注意事项的文件及其他有关工程的技术决定。

（4）技术复核制度：包括技术文件复核、现场施工过程中产品质量与设计要求的复核。技术文件复核由现场项目技术负责人根据设计图纸、变更设计对下列内容进行复核：

各专业设计间的工艺可行性、各专业间的工艺可行性、设计有否遗漏、各专业设计间有无矛盾、变更及时性、不详之处的阐述；现场技术复核由项目技术负责人和监理、建设单位一同对施工过程进行复核。

（5）技术责任制度：建立从总工程师到项目技术负责人的各级技术责任制度。

2.2.2　施工过程阶段

1. 材料管理

应及时根据项目施工进度的材料需求进行采购工作，保障原材料的供应。

2. 质量管理

施工过程中，项目经理应根据相关工程验收标准针对项目施工质量进行详细查验，对不符合要求的部分应及时提出，并督察整改。

3. 人员管理

项目人员根据每日施工进度，汇报当日工作内容，并提交周/月工作报告。

4. 资料管理

项目经理在项目施工过程中，针对施工进度，及时向相关单位报送项目施工资料，具体为进场资质方案报审、过程检查检验资料、竣工图纸等竣工验收资料，做到资料先行。

5. 现场勘察

现场勘察内容包括现场与图纸的一致性、施工预留设备基础和孔洞、总包施工界面内的工程量及其节点、水源、电源等，并填写现场勘查情况记录表，作为工程竣工准备资料。

2.2.3　项目验收

1. 内部验收

在正式验收之前，由项目经理组织实施内部验收，销售业务、技术支持、项目经理、质管部、售后服务等相关人员参加。若不合格，对不合格部位进行整改，并重新验收。

2. 甲方验收

含四方验收，项目经理对验收情况负总责并组织实施整改直至验收通过。

2.2.4　运行维护

对项目运维人员进行技术培训，使其掌握系统使用规范、日常维护和运行中常见错误的应对措施等。

2.3　质量控制

2.3.1　质量管理体系

质量管理是工程施工中的重要部分，它贯穿施工的全过程，可分为施工质量管理、材料管理、技术质量岗位责任制度、隐蔽工程验收制度、竣工交付使用阶段质量管理等几个方面。紧紧围绕合格总体质量目标，把质量管理放在项目管理的首要位置，立足根本，以质量求效益，以质量保工期，采用以过程控制为主、前馈控制和反馈控制结合的手段，对工程质量实行全方位、全过程的控制，坚持“预防为主”。强化“过程控制”、突出“防止再发生”，消除质量隐患，使工程质量水平得以持续不断的提高，确保工程质量总目标的实现。

1. 建立项目质量组

以项目经理为质量组组长，每天对工地各施工班组施工进行质量检查，每周开展一次质检定期例会。由专职质检员将每周质量情况进行汇总，每月形成正式质量月报，对各种显性隐性质量问题及时整改。实现项目质量动态管理。

2. 质量控制程序及技术管理预控

（1）根据工程项目特点，确定质量控制重点、难点及控制程序；

（2）运用科学的质量控制方法，实施项目质量有效控制。

针对工程控制重点及质量目标，采取对策，实施质量预控。针对事先进行的施工控制项目，分析可能或易于出现的质量问题，从而提出应变对策，制定质量预防措施。

3. 控制程序

（1）施工项目质量控制过程应包括对投入材料的质量控制、施工及安装工艺过程质量控制、对半成品的质量控制。

（2）质量因素的控制包括：对参与施工人员的质量控制、对材料采购的质量控制、对所采用施工机械设备的质量控制、对采用施工检验方法的质量控制、对施工技术、劳动力环境质量控制。

（3）质量检查验收程序如图 2-1 所示。

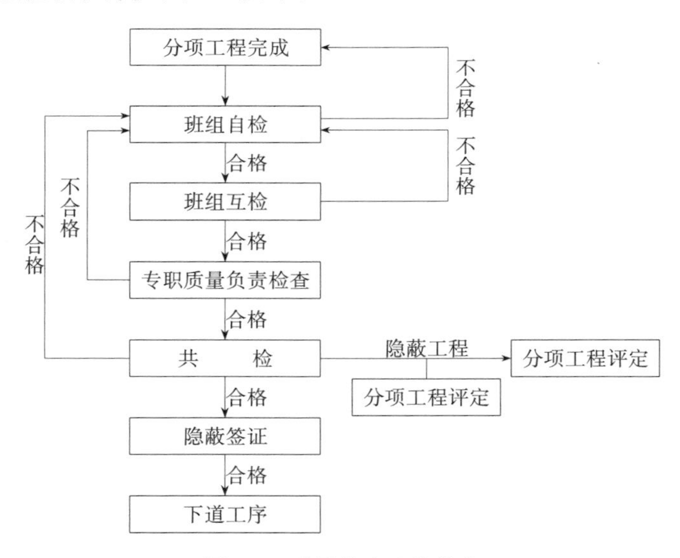

图 2-1　质量检查验收程序

4. 阶段质量控制要点

（1）施工准备阶段：项目技术负责人应组织有关施工技术人员学习、熟悉合同文件，认真审核施工图纸，并组织质量培训，进行技术交底；项目进场后，应对施工现场和工程所需工、料、机进行实地考察，依据合同工期的要求，制定切实可行的施工组织设计；针对项目的具体情况制定质量实施计划，进行质量预控。

（2）施工过程：项目管理层应对施工过程进行合理的资源配备，以保证满足施工过程中质量控制的要求。

（3）关键过程和特殊过程的控制：关键过程是对工程质量和工期有重大影响，施工难度大、工艺新、质量易波动并起关键作用的过程。特殊过程是指该过程的施工不易或不能通过其后的检验或试验而得到充分验证的过程。关键、特殊过程确定后，必须组织有关施工技术人员对过程进行分析、研讨，确定整个过程的施工方法，人、机、料、环境等配备要求，确定人员在过程控制中的职责，编制其作业指导书。作业指导书的主要内容包括但不限于：

1）目的；

2）质量标准；

3）适用的过程；

4）施工操作的作业步骤及作业依据；

5）需要配备的资源和要求；

6）检查和监控人员或部门的职责；

7）规定各项工作完成后的记录格式和要求。

关键、特殊过程施工中，要设立质量控制点，对控制点定期采样检查或连续监控，在控制中可选用合适的统计技术，对收集的数据进行分析，发现异常情况时应及时处理。明确关键、特殊过程控制点负责人的职责和要求，确保各项技术要求和施工质量满足规定。

2.3.2 质量保证措施

太阳能热水系统常见过程质量执行程序如图 2-2 所示。

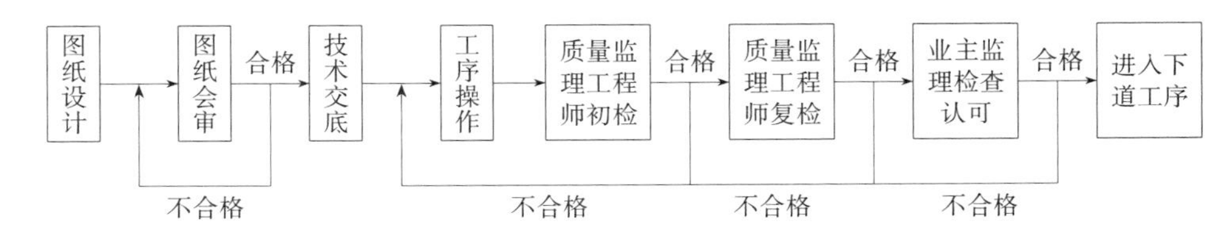

图 2-2 过程质量执行程序

1. 施工过程的控制

（1）一般施工过程的控制

一般分项工程施工是由工程师依据施工组织设计、项目质量保证计划，施工图纸、有关规范、标准对施工人员进行技术、质量交底、组织施工生产。

工程师依据施工技术文件的规定，检查施工机具、设备的配合是否符合要求，计量器具和检验、试验设备有无检定标识和校准记录，设备是否做了必要的维护、保养等，如有不符合规定要求的情况要做好记录，并报告上级领导处理。

工程师应对特殊设备要求的作业环境是否合适进行检查，带领作业人员对施工质量进行自检，坚持开展“三过程”活动，即检查上道过程，保证本道过程，服务下道过程，使过程始终处于受控状态。

如分项工程施工中出现了重大质量波动，工程师应及时对过程进行分析，找出主要原因，并做好记录。

分项工程完成后，由单位工程负责人组织工程师、分包工长，对分项工程质量进行检查评定，质量监督责任工程师核定质量等级。

项目经理部定期组织进行现场协调，检查各项标准、法规、质量保证计划、程序文件等是否得到了执行，以保证影响施工过程的因素得到控制，出现的问题能及时得到解决。

（2）关键施工过程的控制

关键分项工程施工前由项目经理部项目技术负责人，依据施工组织设计、项目质量保证计划、专项施工方案或技术措施向工程师及施工班组做详细的技术、质量交底，并做好交底记录。

项目技术负责人组织技术、质量监督和工程师，对关键过程所配备的人员、施工机具、设备、计量器具和检验试验设备做全面的评定和检查，对所要求的工作环境进行检查，并保留检查记录。

关键过程的质量检测点要列出明细表，在进入检测点前由工程师通知质量监督人员，保证及时检测。

如关键过程施工质量出现重大波动，项目技术负责人应及时组织技术、质量监督等人员进行研究，找出主要原因，采取相应的措施，并经过验证或认可。

对关键过程的重要参数应进行监控，根据实际情况采用仪器、仪表或人员观测的方法，并做好记录。

关键分项工程完成后，由项目技术负责人组织技术、质量监督和工程师参加，对分项工程质量进行检查评定，专职质量监督核定质量等级。必要时报甲方代表或工程监理认可。

项目经理部在组织现场协调时，应重点要求各承担要素的责任工程师将关键过程作为检查的重点，查出的问题要限期协调解决。

工程关键施工过程包括：

1）设备基础施工；

2）设备安装；

3）控制系统安装；

4）管道加工、连接；

5）机房电气及控制系统设备、器具安装、测试。

2. 施工人员管理

（1）加强政法思想教育、劳动纪律教育、职业道德教育、专业技术培训；

（2）健全岗位责任制，改善劳动条件，公平合理地激励劳动热情；

（3）根据工程特点，从确保质量出发，在人的技术水平、人的生理缺陷、人的心理行为、人的错误行为等方面来决定人的使用。

（4）对技术复杂、难度大、精度高的工序或操作，应由技术熟练、经验丰富的工人来完成；

（5）反应迟钝、应变能力差的人，不能操作快速运行、动作复杂的机械设备；

（6）对某些要求万无一失的工序和操作，一定要分析人的心理行为，稳定人的情绪；

（7）对具有危险源的现场作业，应控制人的错误行为，严禁吸烟、打赌、嬉戏、误判断、误动作等；

（8）严格禁止无技术资质的人员上岗操作；

（9）在人员的问题上，应从政治素质、思想素质、业务素质和身体素质等方面综合考虑，全面把控。

3. 材料供应控制

（1）掌握材料信息，优选供货厂家

掌握材料质量、价格、供货能力的信息，选择好供货厂家，即可获得质量好、价格低的材料资源，从而确保工程质量，降低工程造价。物资供应供货商选择程序如下：

1）供货商的选择评价：凡提供工程需用物资的供货商，都应对其供货能力进行评价（零星辅料除外）。

2）物资供应责任工程师负责对供货商进行综合调查，调查的主要内容为：供货商营业执照中的经营范围是否符合被采购范围，经营的产品是否符合采购计划中的产品标准，凡实施工业产品许可证的重要工业产品，其供货商必须取得相应生产许可证。物资供应责任工程师将调查情况填入“供货商评价审核表”，报项目技术负责人审核批准，需要时报项目经理批准。

3）物资供应责任工程师将审批同意的供货商编入“合格供货商名单”，并将其作为合格供货商质量记录加以保存。

（2）合理组织材料供应

科学、合理地组织材料的采购、加工、储备、运输，建立严密的计划、调度体系，加快材料的周转，减少材料的占用量，按质、按量、如期满足建设需要，提高供应效益，确保施工正常进行。

（3）合理组织材料使用

正确按定额计量使用材料，加强运输、仓库、保管工作，加强材料限额管理和发放工作，健全现场材料管理制度，避免材料损失、变质，确保材料质量。

（4）加强材料检查验收

对用于工程的主要材料，进场时必须具备正式的出厂合格证和材质化验单。如不具备或对检验证明有影响时，应补作检验。

工程中所有部件，必须具有厂家批号和出厂合格证。由于运输、安装等原因出现的部件质量问题，应分析研究，经处理鉴定后方能使用。

凡标志不清或认为质量有问题的材料；对质量保证资料有怀疑或与合同规定不符的一般材料；由于工程重要程度决定，应进行一定比例试验的材料；需要进行追踪检验，以控制和保证其质量的材料等，均应进行抽检。对于进口的材料设备和重要工程或关键施工部位所用的材料，则应进行全部检验。

材料质量抽样和检验的方法应符合《建筑材料质量标准与管理规程》，要能反映该批材料的质量性能。

（5）严格材料使用认证制度

对材料性能、质量标准、适用范围和施工要求必须充分了解，以便慎重选择和使用材料。对主要材料，应在订货前要求厂家提供样品或看样订货；主要设备订货时，要审核设备清单是否符合设计要求。

凡是用于重要部位的材料，使用时必须仔细地核对、认证，其材料的品种、规格、型号、性能有无错误，是否适合工程特点和满足设计要求。

新材料应用，必须通过试验和鉴定；代用材料必须通过充分的论证，材料认证不合格时，不允许被用于工程中。

2.4 进度控制

2.4.1 进度控制体系

建立工期进度控制体系，落实各层次进度控制人员的具体任务和工作责任。

工程师每周采集工程进度数据，并分析偏差，给出分析报告，重点分析关键路径和次关键路径的偏差状态，必要时随时跟踪报告项目进度状态。工程师每天编制发布、进度跟踪报告。

项目经理负责控制进度变更，并将其纳入整体变更控制。负责及时发布经批准后的进度基准。相关变更的评审、记录应予保持。

技术负责人负责执行施工现场施工的进度协调调度，包括检查作业计划执行中的问题，找出原因，并采取措施解决；督促供应单位按进度要求供应资源；控制施工现场临时设施的合理分配、使用；按计划进行作业条件准备；传达决策人员的决策意图；发布调度令等。要求调度工作做到及时、灵活、准确、果断。

2.4.2 进度控制计划

1. 施工总进度计划

针对施工内容，首先编制施工总进度计划，结合项目性质和合同要求，做到有可控制性，考虑综合性，因素预测全面性，对进度控制起规划作用，为工程的施工进度计划的编制提供依据。

2. 施工组织措施

根据项目工程组成及特点，合理划分流水段，在分工协作和大批量生产的基础上，组织连续、均衡施工。

3. 施工进度计划的实施

项目的施工进度计划应通过编制月、周施工进度计划实现，在实际施工中应逐级落实，并进行节点考核，最终保证项目的施工工期。

2.4.3 进度保障措施

1. 管理措施

为了保证工程质量，必须使整个工程管理工作制度化、规范化。制定严格的岗位责任制度、质量和安全保证制度以及作息时间制度、分配制度、综合治理制度等。

2. 技术措施

（1）依据相关规范设计施工图纸，保证其合理性和科学性。

（2）采用过程控制，施工过程中全方位、多角度控制施工质量，保证一次交工合格，避免因整改返工而影响工期。

（3）采用成熟的科技成果，通过新技术的推广应用来缩短工程的施工工期。

（4）合理优化布置现场总平面，尽量减少现场二次转运，节省人力、物力，加快施工进度。

3. 经济措施

为提高广大施工人员的积极性，同时也为引起项目全体施工人员对工程质量工作的足够重视，可建立奖励机制，设立奖励基金。对质量工作做得好的个人、集体进行奖励，对施工管理混乱、质量问题不断的个人、集体进行处罚。

2.5 安全管理

2.5.1 安全管理组织

建立以项目经理为现场安全保证体系第一责任人的安全生产领导小组。安全生产领导小组根据安全目标，制定安全保证计划，根据保证计划的要求，落实资源的配备。

2.5.2 安全施工

1. 保证施工实施安全

（1）施工人员进入施工现场前，进行安全生产教育，并在每次调度会上，都将安全生产放到议事日程上，做到处处不忘安全生产，时刻注意安全生产。

（2）施工现场工作人员必须严格按照安全生产、文明施工的要求，积极推行施工现场的标准化管理，按施工组织设计，科学组织施工。

（3）按照施工总平面图设置临时设施，严禁侵占场内道路及安全防护等设施。

（4）施工现场全体人员必须严格执行现场安全管理制度及操作规程。

（5）施工人员应正确使用劳动保护用品，进入施工现场必须戴安全帽，高处作业必须拴安全带。严格执行操作规程和施工现场的规章制度，禁止违章指挥和违章作业。

（6）施工用电、现场临时电线路、设施的安装和使用必须按照现行行业标准《施工现场临时用电安全技术防范》JGJ 46 规定操作，严禁私自拉电或带电作业。

（7）使用电气设备、电动工具应有可靠保护接地，随身携带和使用的工具应搁置于顺手稳妥的地方，防止发生事故。

（8）高处作业必须设置防护措施，并符合现行行业标准《建筑施工高处作业安全技术规范》JGJ 80 的要求。

（9）施工用的高凳、梯子、人字梯、高架车等，在使用前必须认真检查其牢固性。梯外端应采取防滑措施，并不得垫高使用。在通道处使用梯子，应有人监护或设围栏。

（10）人字梯距梯脚 40～60cm 处要设拉绳，施工中，不准站在梯子最上一层工作，且严禁在这上面放工具和材料。

（11）吊装作业时，机具、吊索必须先经严格检查，不合格的禁用，防止发生事故。

（12）遇到不可抗力的因素（如暴风、雷雨），影响某些作业施工安全，按有关规定办理停止作业手续，以保障人身、设备等安全。

（13）安全生产领导小组负责现场施工技术安全的检查和督促工作，并做好记录。

（14）冬期施工，由于寒冷天气的影响，人的大脑和手脚反应都比较迟钝，在施工过程中更容易出现过失。因此，施工安全也就显得更加重要。

2. 施工用电安全

（1）现场施工用电执行一机、一闸、一漏电保护的“三级”保护措施。电箱设门、设锁、编号、注明责任人。

（2）机械设备必须执行工作接地和重复接地的保护措施。

（3）电箱内所配置的电闸、漏电、熔丝荷载必须与设备额定电流相等。不使用偏大或偏小额定电流的电熔丝，严禁使用金属丝代替电熔丝。

（4）所有电缆、用电设备的拆除、现场照明均由专业电工担任，值班电工要经常检查、维护用电线路及机具，认真执行相关规范、标准，保持良好状态，保证用电安全万无一失。

3. 人员安全

（1）坚持用好安全“三件宝”，所有进入现场人员必须戴安全帽，高空作业人员必须系好安全带，穿软底防滑绝缘鞋。

（2）钢爬梯、吊篮、平台、吊物钢管等，应设计得轻巧、牢靠、实用，制作焊接牢固，检查合格，并按规定正确使用。

（3）施工现场不得上下同时作业，做好防滑措施，扫除霜冻，以保证施工人员的安全。

（4）走道板材质要符合规定，铺设牢靠，铺钉防滑条，遇到和梁相交的地方用铁丝绑牢，不得出现翘头。电焊作业台搭设力求平稳、安全、周围设防护栏杆，所有设置在高空的设备、机具，必须放置在指定的地点，要有防护棚，避免载荷过分集中。并要绑扎，防止机器工作中松动。

（5）所有安全设施由专业班按规定统一设置，并经有关部门验收，其他人不能随便拆卸。因工作需要必须拆卸时，要经过有关人员允许。事后要及时恢复，安全员要认真检查。

（6）各种施工机械应编挂操作规程和操作人员岗位责任制，专机专人使用保管，机操人员必须持证上岗，电动、风动机具按使用规程使用。

（7）重点把好高空作业安全关，高空作业人员须体检合格。严禁酒后、带伤、带病作业。工作期间严禁喝酒、打闹。小型工具、焊条头、高强螺栓尾部等放在专用工具袋内。使用工具时，要握持牢固。手持工具也应系安全挂绳，避免直线垂直交叉作业。

（8）统一高空、地面通信。

（9）起重指挥要果断，指令要简单、明确。按“十不吊”操作规程认真执行。

（10）参加业主、监理等单位组织的安全监督检查活动，服从有关安全生产规定，团结一致把工地的安全工作搞好。

2.6 档案及信息管理

建立工程技术档案是为了系统地积累施工技术、经济资料，保证工程交工后合理使用，并为今后维修、改扩建提供依据。因此要依据一定的原则和按照一定的要求，系统、真实地收集记述工程建设全过程中具有保存价值的技术材料，并加以分类整理，以便交工验收后完整地移交给有关部门。

工程技术档案的主要内容包括以下内容：

（1）由施工单位建立并保存的技术档案：施工组织设计及经验总结；新结构、新技术、新材料的试验研究资料及其经验总结；重大质量、安全事故情况分析及其补救措施；有关技术管理的经验总结及重要技术决定；施工日志以及临时设施施工图。

（2）竣工验收交由建设单位保存的技术资料：竣工验收证明、竣工图和竣工项目一览表（竣工工程名称、位置、结构、层数、工程量或安装的设备、装置的数量等）；图纸会审记录、设计变更和技术核定单；材料、构件的质量合格证明及其试验检验记录；隐蔽工程验收记录；工程质量检验认定和事故记录；材料试验及检查记录；施工和设计单位提出的使用注意事项的文件及其他有关工程的技术决定。

第3章　高层住宅建筑太阳能热水系统施工方案

3.1　太阳能热水系统施工总则

3.1.1　一般要求

在安装太阳能热水系统时，不应破坏建筑物的结构，削弱建筑物在寿命期内承受荷载的能力，不得破坏屋面和地面防水层以及建筑物的附属设施。太阳能热水系统所选用的产品、配件、材料等应质量合格，并有质量保证书。太阳能热水系统安装不得损害建筑的结构、功能、外形、室内外设施等。为确保系统的安全性，系统安装后应能满足避雷等设计要求。在既有建筑上增设或改造太阳能热水系统，必须经建筑结构安全复核，并应满足建筑结构及其他相应的安全性要求。

3.1.2　系统施工前应准备的内容

太阳能热水系统施工前应准备的内容如下：

（1）施工组织部署、组织架构及主要人员资质和简历核查；

（2）施工进度计划；

（3）安装过程质量控制措施、材料质量保证措施（由材料提供方出具证明文件），安全措施等；

（4）文明施工管理；

（5）人员培训；

（6）与主体结构、设备安装、装饰装修的协调配合方案。

3.1.3　系统安装前应具备的条件

太阳能热水系统安装前应具备以下条件：

（1）设计文件齐备，且经过相关人员审核确认；

（2）太阳能热水系统产品、配件、管道材料等验收合格，且性能、外观等应符合现行国家及行业相关产品标准及设计要求（投标产品的型号、材料确认无误）；

（3）施工组织设计及施工方案已经批准；

（4）施工场地符合施工组织要求；

（5）现场水、电、场地、道路等条件能满足正常施工需要；

（6）预留基础、孔洞、设施符合设计图纸，并验收合格；

（7）既有建筑经结构复核或法定检测机构同意安装太阳能热水系统的鉴定文件；

（8）各种施工工具齐全，安全措施齐全；

（9）太阳能热水系统在安装过程中，产品和物件的存放、搬运、吊装不应碰撞和损坏，半成品应妥善保护。

3.2 太阳能热水系统常见施工组织设计

施工组织设计工作的内容是对施工中各项活动进行合理的计划和组织，并为施工工作提供经济、技术等文件，对施工总体布置、劳动力、工程材料和施工机械设备资源的组织、工程质量、工期、安全、环境等诸多方面起指导作用。施工组织设计应遵循经济性、科学性和安全性原则。

施工组织设计涉及项目施工的全过程，通过科学有效的施工组织工作，可以推动施工工作的顺利进行，提高施工的效率和质量。常见的太阳能热水系统施工组织设计通常包括：施工准备工作，施工现场平面布置，施工总进度计划与保障措施，材料保证措施，施工现场组织机构，质量管理体系与保证措施，确保安全施工和文明施工组织措施，环境保护措施，夜间、雨期、冬期施工保证措施，成品、半成品保护措施，紧急情况的处理措施、预案以及抵抗风险的措施等。

3.2.1 施工前准备工作

施工前准备工作详见本书第 2.2.1 节。

3.2.2 施工现场平面布置

1. 布置原则

施工场地临建设施的布置以项目标准化管理为目标，根据施工现场条件及业主统一规划，以布置紧凑合理、符合工艺流程、方便施工、保证运输方便、尽量减少二次搬运为原则；充分考虑各阶段的施工过程，做到前后照应，左右兼顾，封闭管理，以达到合理用地、节约用地、安全生产和文明施工的目的，满足有关标准规程对安全消防、环保等要求。

总平面布置应做到分区明确、规划合理，避免和减少各单位、各工序之间的相互干扰。机械配置及能力供应充分考虑其负荷能力，合理确定其服务范围，做到既满足施工生产所需，又不造成劳动力及机械的浪费。

2. 布置规划

施工用水及排水：从业主提供的供水总管接出施工用水管道，并设置管道连接至施工现场，设置计量表。施工前期可设置排水明沟，排至雨水管网，后期可利用永久排水系统。

施工用电根据现场的施工机械和场地布置进行设置。

3.2.3 施工总进度计划与保障措施

施工总进度计划应根据业主施工时间要求、现场施工难度、现场具备的施工条件等进行安排。同时，结合项目性质和合同要求，做到计划具体、详细和有可操作性，对进度控制起规划作用，为工程施工进度计划的编制提供依据。

为保障施工进度，首先在分工上应根据项目组成及特点，合理划分流水段，在分工协作和大批量生产的基础上，组织连续、均衡的施工。其次，在项目实施管理中，项目施工进度计划应通过编制月、周施工进度计划实现，在实际施工中应落实各层次进度控制人员的具体任务和工作责任，并进行节点考核，最终保证项目的施工工期，具体详见本书第2.5节。

3.2.4 材料保证措施

材料是施工中必不可少的要素之一。在工程项目施工中，材料消耗量大、品种规格复杂繁多。因此，保障材料质量，做好材料供应、保管和使用等工作，对保证工程质量和进度具有重要意义。

1. 供应厂家的选择

选择供应厂家时应对以下情况予以考虑：

（1）当地政府主管部门法规规定及核准的合格供方名录；

（2）能否提供生产许可证、检验记录、生产合格证等；

（3）企业获得的重要荣誉和名优产品称号；

（4）对重要、复杂的工程设备售后服务的评价；

（5）新材料、新设备、加工配件等的特定采购准则等；

（6）如为销售单位时，还要根据需要评价其生产单位。

应对厂家供应表现状况、管理体系、信誉、售后能力等方面进行调查。

2. 材料质量要求

（1）施工所使用的原材料、半成品，材料员负责在明显位置用标牌进行标识，标识内容：名称、规格、产地、检验状态。

（2）现场自制的半成品、成品，如管道，应标明产品名称、规格型号、使用部位。

（3）有追溯要求的进场材料（钢材、半成品等），要追其历史，对其生产、形成情况详细标识。

（4）对汽油、柴油等易燃易爆材料及其他特殊材料要求专库存放，专人看管和出库，标识要醒目。

（5）建立健全材料进场台账（写明材料名称、产地、规格、品种、型号、数量、编号、材料证明及入库日期）。

（6）项目部材料员应对产品的标识和有关记录定期检查核对，对无标识和标识不清的产品，应会同技术主管、质检员按规定要求检验后追加标识。

3. 材料存放与保管

（1）现场堆放场地应因地制宜，保障运输道路畅通，以保证工程需要。

（2）根据施工总平面布置，材料设备堆放场地应基础牢固、地面平整、排水畅通，库房应整洁、安全、通风，设备的堆放位置应按施工组织设计的规定划定区域，每个区域内设置堆放图，进行图表化管理，减少或避免设备的二次搬运。

（3）库房内材料的管理应严格按照各专业的技术要求及设备性能进行存放。易燃品存放于危险品仓库中，且存放处应阴凉干燥、安全可靠、严禁明火。

（4）库房应保持通风、防雨、防潮、防盗及配备安全消防措施等贮存条件，以满足不同物资的贮存需要。

（5）在贮存期间材料保管员（材料员）对库存或现场堆放的物资，每周组织一次定期盘点、检查，查看材料性能的保持情况及库存情况。如发现有损坏、锈蚀、性能降低、变质、丢失等情况，要做好记录，及时上报，以利及早查明原因，采取补救及预防措施。

3.2.5　施工现场组织机构

常见的项目组织机构由项目经理、技术负责人、质检员、安全项目负责人、技术负责人、施工员、质量员、安全员、质检员、资料员、造价员、材料员和民管员等组成。

项目经理是工程实施的最高代表人，负责对工程进行全面的全过程动态管理和控制；技术负责人负责项目工程技术管理，组织并落实工程质量；施工员负责落实项目管理组织中技术人员提出的各项有关技术文件、技术要求；安全员是工程项目安全生产、文明施工的直接管理者和责任人；质检员应做好工程质量检验工作；资料员负责文件及资料的收发、传达、管理等工作；造价员负责编制和审核预算；材料员负责材料采购，确保工程进度；民管员负责工人生活及工资发放等问题。

3.2.6　质量管理体系与保证措施

质量管理体系与保证措施详见本书第 2.4 节。

3.2.7　确保安全施工、文明施工和环境保护的组织措施

1. 安全施工

安全施工内容详见本书第 2.6.2 节。

2. 文明施工

建立并执行文明施工工作检查制度。

（1）材料管理

1）施工现场内各种料具应按施工平面布置图的指定位置存放，并分规格码放整齐、牢固，标识清楚，做到一头齐、一条线。其他散料应成堆，界限清楚，不得混杂。

2）合理制定用料计划，按计划进料。合理安排材料进场，随用随进，不得在场外堆放施工材料，各种材料不得长期占用场地。

3）施工现场内的各种材料，依据材料性能妥善保管，采取必要的防雨、防潮、防晒、防冻、防火、防损坏等措施，贵重物品、易燃、易爆和有毒物品应及时入库，专库专管，加设明显标志，并建立严格的领、退料手续。

（2）行政卫生管理

1）统一规划施工现场内临时办公、施工人员宿舍等区域，并配齐水电、卫生设施，设专人负责清洁卫生，做到办公区域无污物和污水。

2）统一规划施工现场，设专人负责清扫保洁。

3）生活垃圾实行袋装搜集，并与工业垃圾分开，集中堆放，及时清运出场。

3.2.8 环境保护措施

应建立环境管理体系，制定环境方针、环境目标和环境指标，实现施工与环境的和谐，达到环境管理标准的要求，确保施工对环境的影响最小，并最大限度达到施工环境的美化。

1. 环境保护管理

总部宏观控制，项目经理领导，技术负责人中间控制，专业责任工程师检查和监控，形成从项目经理部到各劳务队伍、作业班组的环境管理体系网络图，并对以下事项进行详细记录和存档：

（1）周边环境状况勘查报告、环境保护方案。

（2）周边交通、建筑状况调查及处理利用方案。

（3）占地面积、占地土质状况。

（4）原材料、主要辅助材料、零配件列表（用量、价格、来源、规格、等级、产品检测合格证），材料预算用量及实际消耗量。

（5）能源供应状况及计量网络图；电、油、气、汽预算需求量及实际耗用量。

（6）节水方案和技术措施、废水控制与处理工艺；计划总用水量及实际用水量；节水率、回用率。

（7）废物管理方案、回收废弃物比例达到可回收利用量的比例。

（8）有资质单位提供的环境影响报告（含环境报告书、环境监理报告、竣工环保验收调查报告），其中含生态环境和水貌、噪声、大气影响、光污染、废水、固体废弃物和室内空气质量等内容。

2. 环境保护措施

主要的环境保护措施如表 3-1 所示。

环境保护措施 **表 3-1**

序号	纲要	影响方面	内　　容
1	环境影响	场地土壤环境	减少临建占地，少开挖原土； 多种绿色植物； 防止有毒物质泄漏污染地面； 防止水土流失
		大气环境	抑制现场扬尘产生； 对现场进行围挡； 减少运输遗洒对环境影响； 控制废气排放； 控制烟雾排放
		噪声	选择低噪声设备，强噪声设备搭隔声棚，控制夜晚施工强度，从声源上降低噪声影响
		水污染	分流雨、污水，采取去除泥沙、油污、沉淀过虑等方法，减轻污水排放对环境影响
		光污染	现场采用防眩灯照明、对建筑物外围直射光线围挡，有效控制光源对周围区域光污染

续表

序号	纲要	影响方面	内　　容
1	环境影响	电磁辐射污染	开放办公布局、饮食补给，提高人员抗辐射能力
		对周边安全影响	合理布置塔吊数量、位置，合理安排施工进度，减少施工对周边区域的安全影响
2	能源利用与管理	节约能耗	控制机械设备耗油量； 控制耗电量
		能源优化	以清洁能源替代污染大能源，尽可能使用可再生能源
3	材料与资源	材料节约	改进工艺，加强材料节约
		材料选择	公开招标采购绿色建材，控制辅助用材有害元素限量
		资源再利用	尽可能用场地内现有资源； 加强施工废弃物分类管理，尽可能回收施工废弃物
		就地取材	就地取材，减少材料运输造成的能源消耗和环境影响
4	水资源	水资源节约	强化节水管理，减少施工水资源消耗
		水资源利用	利用雨水和施工降水，采用经济合理的污水处理回用方法，减少新鲜水用量
5	场地文明	文明	文明、洁净有序、各类标识清晰齐全
6	人员安全	人员安全	建立健全安全制度，采取严格的防毒、防尘、防潮、通风等措施，加强人员劳动保护
		人员健康	合理布置临建； 搞好现场卫生防疫

3.2.9　夜间、雨期、冬期施工保证措施

1. 夜间施工保证措施

（1）夜间施工要求

所有参加夜间施工的作业人员必须认真贯彻夜间作业安全措施，安检人员进行监督、检查落实；尽量避免同一作业范围内安排交叉施工的工序同时在夜间进行，如确需交叉施工时，必须细化作业范围，采取防止交叉施工安全问题的针对性措施。

施工前检查确认照明设施配备齐全完好，作业车辆状态良好，运转正常。

夜间施工必须加强防护，必要时增加信号传递员，保证施工地点与防护人员联络畅通；施工用电设备必须有专人看护，确保用电设备及人身安全。

夜间施工作业结束后，施工负责人必须对作业现场认真检查，确保线路畅通，作业前和收工时要清点人员。

（2）夜间施工安全保证措施

夜间施工时，工器具、设备（梯车、发电机等）悬挂具有反光的黄色标志牌。

雷雨、大风天气禁止夜间作业，禁止夜间高处作业，禁止夜间涉水作业。

夜间作业人员必须配备有效的照明设备、通信设备和应急药品。

现场作业点集中固定时采用日光色镝灯作为主要照明灯具，必须在场地适当位置安装足够的照明设备，保证整个施工场地均有较好的照明，保证夜间施工有良好的照明条件。采用碘钨灯作为临时可移动照明灯具，用于重要施工部位，作为对固定式照明的补充。大型设备作业时其照明部件必须启动运转。作业人员可随身携带锂电 LED 帽灯，监护、巡

视等人员用手提式防爆探照灯或手电筒。

夜间行动必须有 2 人或 2 人以上人员一起，禁止一人单独行动。

做好夜间施工防护，在危险地段作业地点附近设置警示标志，必要时安排专人值守。

实施具有重大危险源的工程项目时，必须根据重大危险源的应急救援预案措施，做好随时启动应急预案的准备。

（3）夜间施工的环境保护措施

1）夜间施工使用的机械尽量选择低噪声的设备，必须采用大噪声的设备时，应采用降噪措施。

2）在居民区附近进行夜间施工时，必须了解当地相关部门对建筑工地监督管理的规定。

2. 雨期施工保证措施

（1）做好防雨前期准备

1）施工期间密切注意天气预报，暴风雨来临前，做好相应防护及加固措施。

2）配备足够的雨期防雨防潮材料和设备，包括潜水泵、塑料薄膜、彩条布、雨衣、雨鞋等。

（2）机电设备检测与防护

1）机电设备的电闸要采取防雨、防潮措施，并应安装接地保护装置，以防漏电、触电。

2）加强施工电缆、电线的检查，对暴雨期间不使用的电器设备，将其电源全部切断。

3）现场所有用电设备闸箱、输电线路进行安装时均考虑防雨防潮措施，并符合用电安全规范，保证雨季安全用电。

（3）屋面设备安装

机械设备应避开雨水，原材料应避免雨淋。如无可避免，应清洗干净后方可使用。新组装设备应用塑料膜覆盖，避免雨水灌入设备内。

（4）机电安装

1）设备预留孔洞做好防雨措施。如施工现场地下部分设备已安装完毕，要采取措施防止设备受潮、被水浸泡。

2）现场中外露的管道或设备，应用塑料布或其他防雨材料盖好。

3）直埋电缆敷设完后，应立即铺沙、盖砖及回填夯实，防止下雨时，雨水流入沟槽内。

4）室外电缆中间头、终端头制作应选择晴朗无风的天气，油浸纸绝缘电缆制作前须摇测电缆绝缘及校验潮气，如发现电缆有潮气浸入时，应逐段切除，直至没有潮气为止。

（5）焊接工程

1）根据工程的特点，设计基本封闭的焊接操作平台，设置防风、防雨措施。遇到大雨一般不进行焊接工作；有小雨或焊接时碰到阵雨，利用封闭操作平台保证焊接的连续及焊缝质量。

2）在湿度较大时，焊前要有加热、去湿措施。

3）焊工戴好绝缘手套。

4）焊接件表面有脏物、积水、油污时，应清除干净。

3. 冬期施工保证措施

（1）为保证工程施工质量，当工地昼夜平均气温（每天6:00、14:00、21:00所测室外温度的平均值）低于＋5℃或最低气温低于－3℃时，严格按冬期施工要求进行施工。

（2）在进入冬季前对所有机械设备做全面的维修和保养，做好油水管理工作，结合机械设备的换季保养，及时更换相应牌号的润滑油；对使用防冻液的机械设备确保防冻液符合当地防冻要求；未使用防冻液的机械设备要采取相应的防冻措施（采取停机后排放冷却水或进入暖棚车间内）。

（3）及时掌握天气预报的气象变化趋势及动态，以利于安排施工，做好预防准备工作。

（4）检查职工住房及仓库是否达到过冬条件，及时按照冬期施工保护措施施作过冬篷，准备好加温及烤火器件。当采用暖棚施工时，做好防火措施，棚内必须有通风口，保证通风良好，并准备好各种抢救设备。

（5）在进入冬季前施工现场提前做好防寒保暖工作，对人行道路、脚手架上跳板和作业场所采取防滑措施。

（6）冬季车辆启动发动机前，严禁用明火对既有燃油系统进行预热，以防止发生火灾。

（7）冰雪天行车，汽车要设置防滑链；司机在出车前检查确认车辆的制动装置是否达到良好状态，不满足要求时不得出车，遇有六级以上大风、大雪大雾不良天气时应停止行车。

（8）严格执行定机定人制度，机械保管人员要坚守岗位，看管好设备，并做好相应的记录。严格执行派车单作业票制度。

（9）外架爬梯、施工场地内的行人通道、梯坎做好防滑措施，防止行人滑倒。

（10）加强消防器材的检查，保证消防设施的正常功能。

3.2.10 成品、半成品保护措施

1. 成品保护

成品保护是单位工程顺利竣交的保证，既减小了不必要的浪费，又是文明施工水平和管理水平的综合体现。为保证项目的顺利实施，可采取以下措施：

（1）建立一套严格的管理体系和管理制度，做到每个成品都有人负责。

（2）对施工人员进行成品保护教育，增强其主人翁思想，在施工过程中做到自觉自律。

（3）针对项目的实际情况，各作业队应单独编制分项工程成品保护措施，责任到人，严格管理，认真落实。

（4）对已安好的设备阀门、仪表等其他易损坏的装置要采取防护措施。

（5）安装时应注意不损坏已安装好的设备，尤其是易损坏、易碎设备。

（6）由于施工工序等原因不得不破坏成品时，由总包方或建设方统一协调相互关系，

把损失降到最低限度。

(7) 安装完的管道及时加吊杆固定，没安装完的管道甩口要临时封堵严密。管道刷漆要认真仔细，必要时在地面用报纸铺垫，不要污染土建墙面、地面。

(8) 所有敞口管道都要封闭，以防杂物进入，造成堵塞。

2. 半成品及材料的保护措施

(1) 根据工程施工进度要求，分批分次进购所需材料设备，材料设备运至现场后，采取措施，防水防潮，防止损坏。

(2) 材料设备到现场后组织有关人员检查，重要设备一定要存入库内，进行拆箱点件并做好记录。参加人员不齐时，不得随意拆箱。

(3) 设备开箱点件后，对于易丢、易损部件应指定专人负责入库妥善保管。各类小型仪表组件及进口零部件，在安装前不要拆包装，设备搬运时明露在外的表面应防止碰撞。

3.2.11 紧急情况的处理措施、预案以及抵抗风险的措施

1. 紧急情况

施工过程中可能出现的紧急情况如表 3-2 所示。对项目施工中可能出现的风险应根据风险程度、损失大小、利益得失等具体情况，分别采取风险回避、风险转移、风险减轻等对策处理，提高应对水平。对不可抗拒的或无法预防化解而导致不能施工和损失极高的风险，要果断地进行风险回避。对可预测控制的风险要积极防范，降低风险发生的可能性，一旦发生要减轻损失程度和造成的不利影响，并及时吸取教训，减少风险损失的频率。

施工过程中可能出现的紧急情况　　表 3-2

序号	类型	可能险情
1	火灾	生活区或办公区失火、库房失火、堆放材料、在建工程失火等
2	爆炸	易爆物品爆炸、压力容器爆炸等
3	质量事故	工程结构失稳或倒塌
4	重大机械事故	锅炉爆炸、起重设备失稳或倒塌、垂直运输机械坠落或失稳、车辆碰撞等
5	坍塌事故	边坡坍塌，模板倒塌，脚手架失稳或倒塌
6	坠落伤亡事故	人员重伤、死亡
7	严重管道破裂	上下水管道破裂、燃气管道破裂、油管破裂等
8	集体食物中毒	不当饮食或人为造成的食物中毒等
9	夏季中暑	群体中暑、个别严重中暑等
10	突发传染病	传播迅速、后果严重的传染病
11	不可抗力自然灾害	地震、地裂、地表陷落、冰雹、暴雨、大风、雷电、暴雪严寒、严重沙尘暴等
12	计算机病毒	系统崩溃、数据丢失等
13	触电	变压器及配电柜故障、电缆受损后短路

2. 紧急情况的处理措施、预案

（1）安全事故应急救援措施及预案

1）现场保护。项目部应急救援组织在进行事故报告的同时，应按职责分工指定专人保护事故现场，采取必要的围栏措施，如出现伤亡人员需对现场物品做必要移动的应首先记录现场实物状况、采取拍照或绘图的方式进行记录。做好调查取证的基础资料准备工作，同时应对现场与事故有关的管理、操作、目击人员进行登记、控制，以备询查。对于引发事故的重要物证及时收集、登记、保管。

2）人员疏散。对于事故发生可能造成的安全隐患，威胁周边人群安全的，应立即采取人员疏散措施，根据应急预案中安全疏散通道设置的安排，由专人组织人员疏散，设置限制区域并标识，控制事态的发展。

3）现场医疗急救。对于事故发生人员伤亡的，应按应急预案要求，组织经培训的救援救护人员根据伤者情况实施现场救护，同时组织车辆，按预案路线及时送往医院救治。

4）易燃易爆品转移。易燃易爆物品造成险情或发生险情危及现场易燃易爆物品时，应按应急预案要求，组织人员、车辆进行危险物品转移，转移过程中设置专职看护人员，并根据危险物品特性配置充足的消防器材，按预案设定的转移路线及目的地组织转移。必要时上报当地公安、消防部门，在其指导下组织转移。

（2）火灾、爆炸事故应急措施及预案

根据《危险化学品重大危险源辨识》GB 18218—2018，太阳能热水工程火灾、爆炸重大危险源通常有两个：一个是施工作业区，另一个是临建仓库区。其中化学危险品的搬运、储存数量超过临界量是危险源普查的重点。因此，工程开工后要对重大危险源进行登记、建档、定期检测、监控，并培训施工人员掌握工地储存的化学危险品的特性、防范方法。

1）火灾、爆炸事故应急流程应遵循的原则：

①发生火灾和爆炸，首先应迅速扑灭火源和报警，及时疏散有关人员，对伤者进行救治。

②在现场的消防安全管理人员，应立即指挥员工撤离火场附近的可燃物，避免火灾区域扩大。

2）火灾、爆炸事故的应急措施及预案：

①对施工人员进行防火安全教育。

②事故发生时，在安全地带的施工人员可通过手机、对讲机向楼上施工人员传递火灾发生信息和位置。

3）火灾、爆炸发生时，人员疏散应避免人员聚集、恐慌、再进火场等行为。

（3）发生高处坠落事故应急措施

1）发生高处坠落事故，应马上组织抢救伤者。

2）动用最快的交通工具或其他措施，及时把伤者送往邻近医院抢救。

（4）发生触电事故的应急措施及预案

发现有人触电，首先要尽快使触电者脱离电源，然后根据触电者的具体症状进行对症施救。

（5）恶劣天气应急措施及预案

春季沙尘暴、夏季暴雨、冬季大雪是工程施工中应密切关注的恶劣天气，工程开工后，随时收集未来7d内天气信息，一旦得到国家气象中心预警预报，工程应急机制小组即启动，调整施工进度和强度、做好成品保护和材料设备保护、做好人员安全保护，必要时调整工人劳动强度和工作时间、启动专项资金投入各项保护费用等。

3.3 太阳能集热系统施工安装

3.3.1 太阳能集热器定位

1. 集热器基础定位

集热器在建筑上安装位置的确定，取决于集热器基础的定位。集热器基础定位应尽量放置在建筑的承重位置，且满足设计要求。

2. 集热器方位角和倾角定位

（1）集热器安装方位角：太阳能集热器与建筑原有构造共同构成围护结构时，集热器的安装方位角可查阅相关施工放线记录；太阳能集热器在建筑表面安装、不构成建筑物围护结构部件时，其安装方位角应满足规范或设计要求，安装方位角误差应在±3°以内，安装时先用指南针确定正南向，再利用经纬仪测量出方位角。

（2）集热器安装倾角：利用量角器测量太阳能集热器安装倾角，其误差应在±3°以内。

3.3.2 太阳能集热器基础构造与施工

1. 集热器基础做法与防水

（1）集热器基础做法

太阳能集热器基础一般为混凝土结构或钢结构。对于安装在平屋面上的太阳能集热系统，通常是将集热器安装在集热器基础上，较为常规的集热器基础做法如图3-1所示，屋

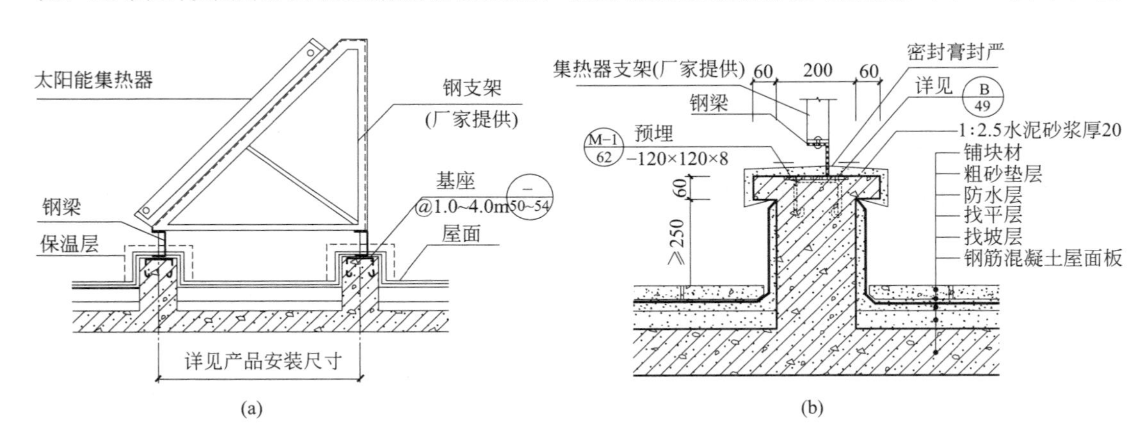

图3-1 集热器基础做法

（a）集热器基础墩细部构造示意图；（b）集热器与建筑结合整体示意图

面的各个基座上平面应处于同一水平面，误差不超过±5mm。其他形式的做法可参考《太阳能集中热水系统选用与安装》06SS128。

集热器基础施工时，可将柱脚基础支撑面一次浇筑到标高位置，也可将柱脚基础混凝土浇筑到较设计标高低40～60mm的位置，然后用细石混凝土找平至设计标高，应保证细石面层与基础混凝土紧密结合。基础施工完成后，必须严格检验其标高和尺寸定位。

（2）集热器基础防水

除了按照设计要求保证基础的强度外，屋面防水处理尤为重要。在屋面结构层上现场施工的基座完工后，基座节点应该注意防水处理，做好附加防水层，屋面防水和保温做好后不应该再在屋面上凿孔打洞，并符合现行国家标准《屋面工程质量验收规范》GB 50207的要求，在轻型屋面上制作集热器基座时，应特别注意安全及防水，并确保基座牢靠稳固。

卷材防水屋面的集热器基础防水做法，主要是集热器阴阳角增强处理。为防止水从集热器基础高出屋面立墙阴阳角处渗漏，阴阳角部位应铺贴附加卷材，附加卷材的宽度一般不应小于400mm（每边不应小于200mm），附加卷材应横向铺贴，并应尽量减少接头；搭接的宽度应符合短边搭接宽度的规定（图3-2）。

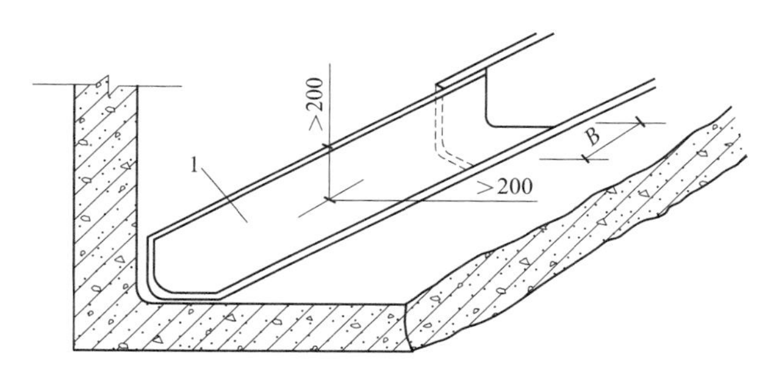

图3-2　阴阳角附加卷材铺贴方法示意图

1—附加卷材；B—搭接宽度

三面阴角（阴角转角）附加卷材铺贴方法如图3-3所示。

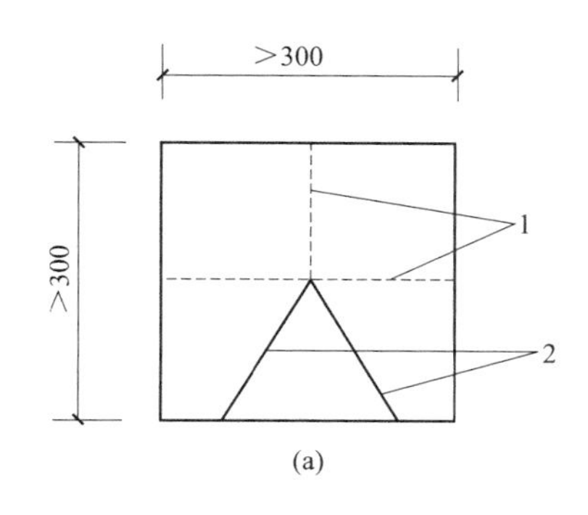

(a)

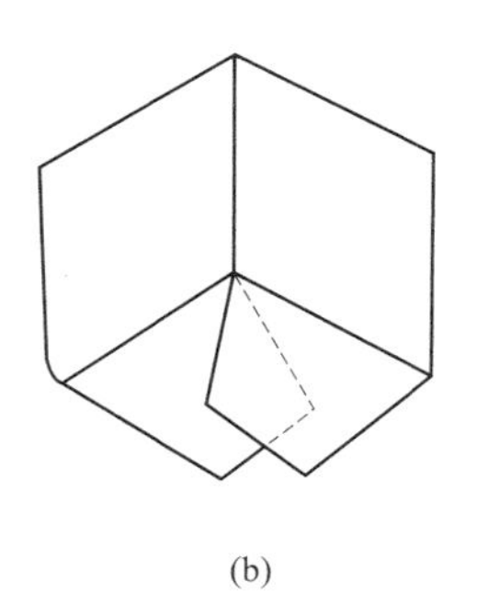

(b)

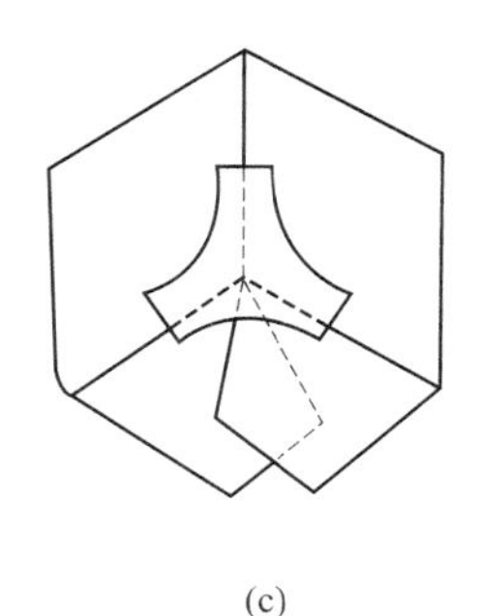

(c)

图3-3　三面阴角附加卷材铺贴方法示意图

（a）附加卷材片；（b）对折粘贴方法；（c）加贴小块卷材示意

1—折线；2—剪裁线

阴阳角转角部位附加卷材铺贴方法如图 3-4 所示。需要注意的是图 3-4(a) 的裁剪口小于 1/2 附加卷材宽度，图 3-4(b) 中的小块补加卷材应剪出阳角包头。

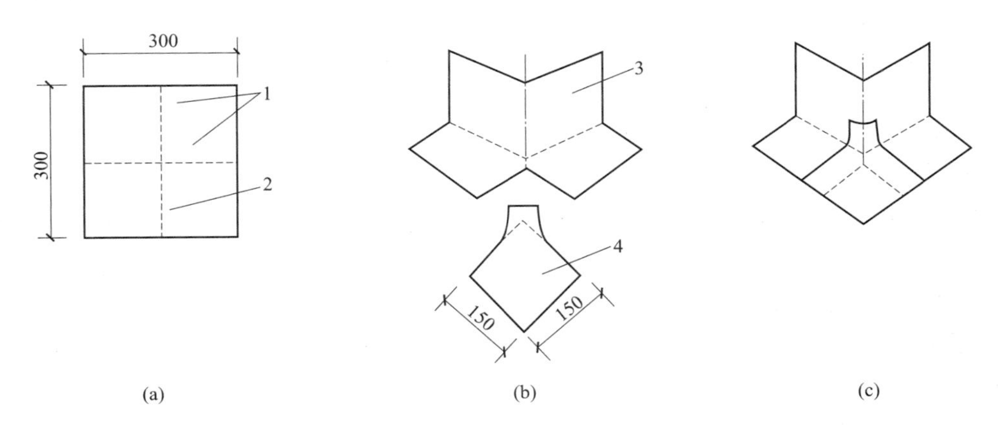

图 3-4 阴阳角转角附加卷材铺贴方法示意图

(a) 附加卷材片；(b) 对折粘贴方法；(c) 加贴小块卷材示意

1—折线；2—裁口；3—对折方法；4—小块卷材

2. 预埋件做法与防水

(1) 预埋件做法

太阳能集热系统安装时，水箱、管线、集热器或其支架在与建筑物结合时，经常采用预埋件连接，预埋件由锚板、直锚筋和弯折锚筋组成，如图 3-5 所示。

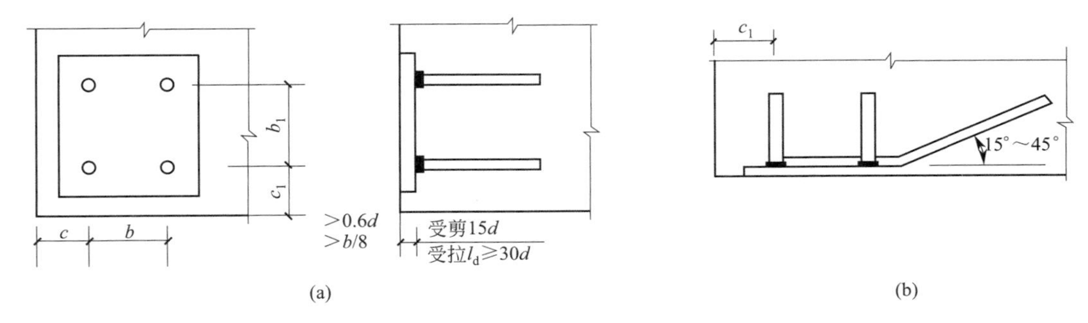

图 3-5 预埋件的形式与构造

(a) 由锚板和直锚筋组成；(b) 由锚板、直锚筋和弯折锚筋组成

预埋件配筋做法与构造应注意以下几点：

1) 受力预埋件的锚筋不宜少于 4 根，且不宜多于 4 层；其直径不宜小于 8mm，且不宜大于 25mm。受剪预埋件的直锚筋采用 2 根。

2) 预埋件的锚筋应位于构件的外层主筋内侧。

3) 受力预埋件的锚板宜采用 Q235 级钢板。锚板厚度宜大于锚筋直径的 0.6 倍，受拉和受弯预埋件的锚板厚度宜大于 $b/8$ (b 为锚筋间距)。对受拉和受弯预埋件，其锚筋的间距 b、b_1 和锚板值构件边缘的距离 c、c_1，均不应小于 $3d$ 和 45mm。

4) 受拉直锚筋和弯折锚筋的锚固长度应不小于受拉钢筋锚固长度 l_d，且不应小于 $30d$；受剪和受压直锚筋的锚固长度不应小于 $15d$ (d 为锚筋直径)；弯折锚筋与钢板间的夹角，一般不小于15°，且不大于45°。

5）考虑地震作用的预埋件，其实配的锚筋界面面积应比计算值增大25%，且应相应调整锚板厚度。在靠近锚板处，宜设置一根直径不小于10mm的封闭箍筋。铰接排架柱顶预埋件的直锚筋：对一级抗震等级应为4根、直径16mm，对二级抗震等级应为4根、直径14mm。

混凝土基础顶面的预埋件最好在主体结构施工时埋入，其位置应与集热器的支撑点相对应，主体结构与预埋件处的缝隙用混凝土浇筑捣实，在太阳能设备安装前要进行防腐处理，并妥善保护。

（2）预埋件及周围部件防水

1）预埋件的防水：预埋件（图3-6、图3-7）用吊挂或专用工具固定，往往与结构钢筋接触，导致水沿预埋件渗入室内。为此预留洞、槽均应作防水处理。

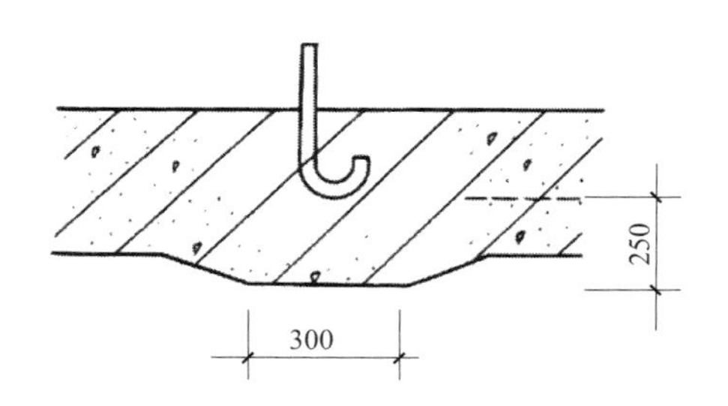

图3-6　顶板上预埋螺栓

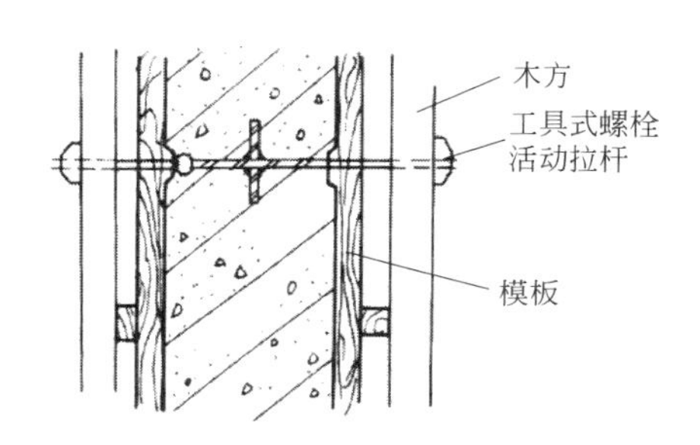

图3-7　墙体采用工具式螺栓

预埋件受外力作用较大，为防止扰动周围混凝土，破坏防水层，预埋件端至墙外表面厚度不得小于25cm。如达不到25cm应局部加厚。特殊工程需要做内防水，防水层一定与预埋件紧密结合，封闭严实。

2）预埋件周围部位渗漏水的防治：预埋件周围渗漏水也是容易出现的质量问题之一，主要原因：一是预埋件安装前未将锈皮或油渍清除干净，影响与混凝土的粘结，形成缝隙而致漏水；二是预埋件周围的混凝土未浇捣密实，形成蜂窝、孔洞，与混凝土毛细孔连通，引起漏水，尤其在预埋件稠密处，更易发生此类问题。

如预埋件固定不牢，在受外力碰撞或振动时产生松动，则易与混凝土之间形成缝隙。为此，对于预埋件稠密处，应改用相同强度等级的细石混凝土将预埋件周围浇捣密实，要注意同相邻混凝土筑成整体、不留施工缝。对承受振动的预埋件，应先埋设在混凝土预制块中，预制块周围抹好防水抹面，然后按设计位置将混凝土预制块稳牢，再在周围浇筑结构整体混凝土。

3. 阳台壁挂式太阳能集热器安装

阳台壁挂式太阳能热水系统结构较为简单，如图3-8所示，太阳能集热器安装在阳台栏板上，水箱安装在阳台、卫生间或其他设计预留位置。这种方式适合板楼等建筑形式，解决了高层建筑屋顶集热器安装面积有限的难题。图3-9为太阳能集热器阳台安装实例。

（1）集热器挂件定位

根据集热器支架挂件的尺寸和中心距，确定垂直方向位置，同时为了布置集热器管路，挂件上方宜预留150 mm以上的空间布置。考虑到集热器内部自然循环，因此集热器

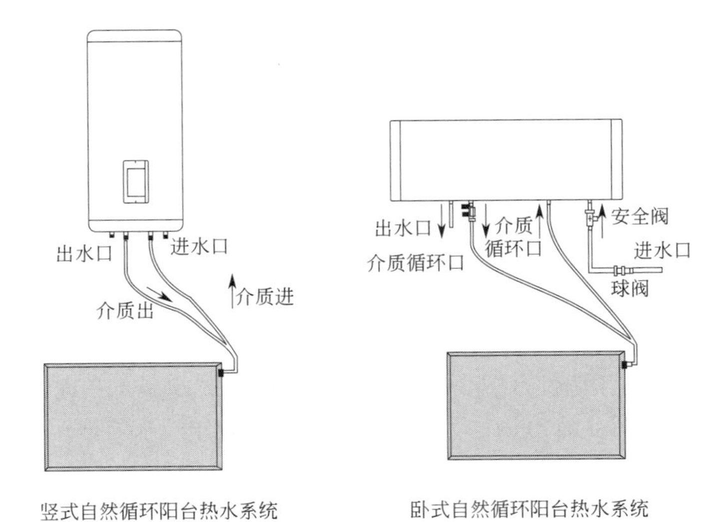

图 3-8　阳台壁挂式热水系统安装示意图

图 3-9　太阳能集热器在阳台安装工程实例

进出口位置的挂件高度有所不同，出口位置应比进口位置高 20～30mm，以利于管道循环，如图 3-10 所示。

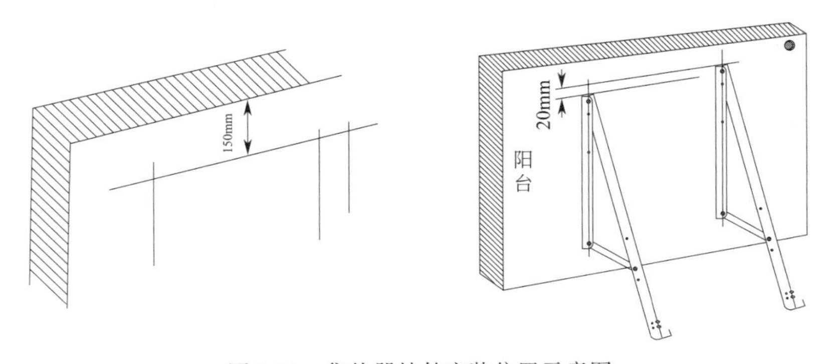

图 3-10　集热器挂件安装位置示意图

（2）集热器安装

集热器支架示意图如图 3-11 所示，其中支架角度 α 可根据当地太阳辐照资源和建筑结构进行调整。集热器支架应与阳台栏板上的预埋件牢固连接，由集热器构成的阳台栏板应满足其刚度、强度及防护功能要求，且宜采用实体栏板，阳台墙体为非承重墙或落地窗时，采用膨胀螺栓与穿入阳台墙体内侧支架部件连接。采用真空管集热器时，应采取必要的防护措施，防止集热器意外损坏对楼下行人、物品造成意外伤害或损失，平板型集热器透光面板宜采用钢化玻璃等不易破碎的材料，对于高层建筑，从安全的角度出发，一些地方规定在建筑立面上放置集热器时，需在立面墙上设置伸出的建筑挑檐，集热器支架应与建筑挑檐固定，集热器不得超出挑檐。图 3-12 表示了集热器阳台安装时的细部做法。

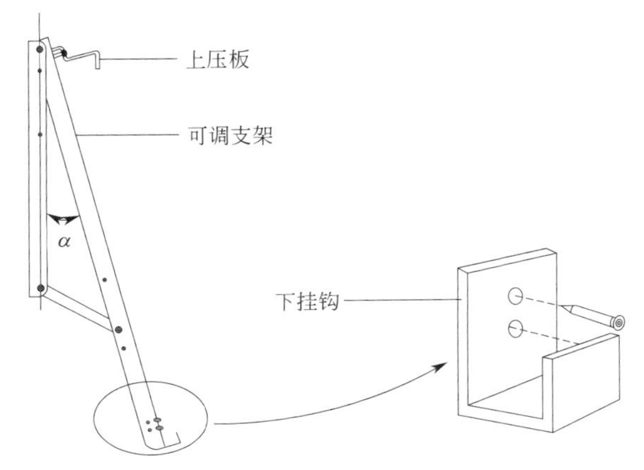

图 3-11　集热器支架示意图

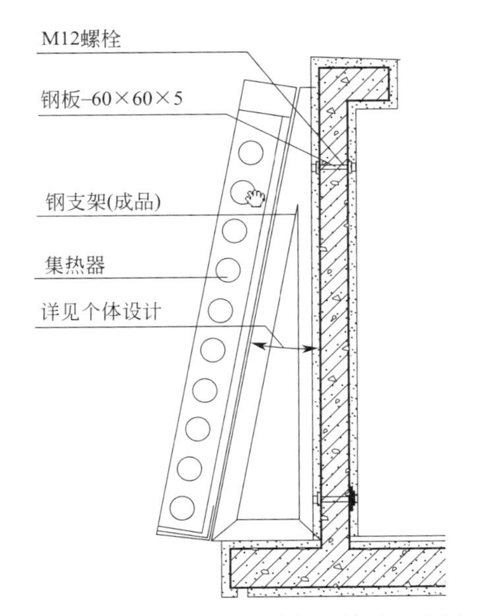

图 3-12　集热器阳台安装细部构造示意图

4. 太阳能集热器外墙立面安装

集热器设置在外墙上能够产生较为新颖别致的外观效果（图 3-13）。

图 3-13　集热器外墙立面安装工程实例

安装太阳能集热器的外墙除应承受集热器载荷外，还应对安装部位可能造成的墙体变形、裂缝等不利因素采取必要的技术措施。集热器支架应与墙面上的预埋件连接牢固，必要时在预埋件处增设混凝土构造柱，并进行防腐处理。图 3-14 表示了集热器外墙立面安装时的细部做法。

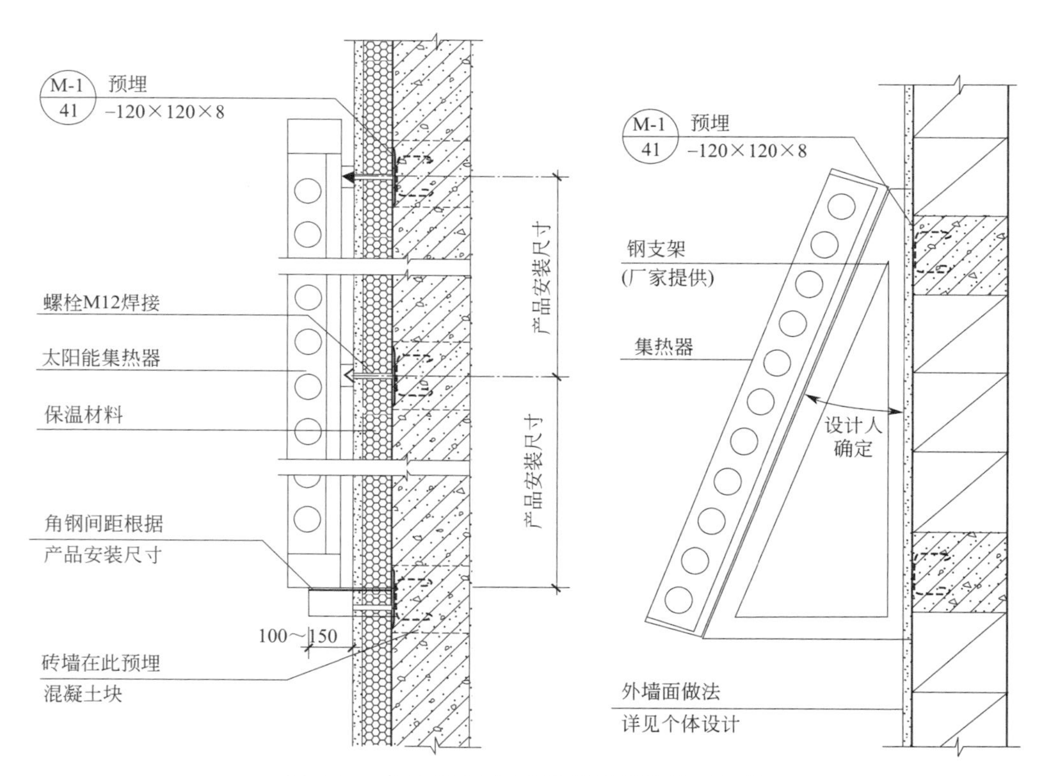

图 3-14　集热器外墙立面安装细部构造示意图

5. 太阳能集热器镶嵌坡屋面安装

图 3-15 为太阳能集热器镶嵌坡屋面安装实例。

在安装集热器的局部屋面下沉的地方，沥青防水卷材应在原有三毡四油的基础上增铺一层附加层；高聚物改性沥青防水卷材和合成高分子防水卷材则宜再采用防水涂膜作增强

图 3-15　太阳能集热器镶嵌坡屋面安装工程实例

层。对于较薄的合成高分子防水卷材，局部屋面下沉的地方较狭窄，不需要作底卷材的搭接处理时，亦可采用卷材附加层；如需作搭接处理时，搭接缝应留设在靠近层面一侧的沟槽立向部位，并应进行密封处理；与层面交接处的附加卷材宜做空铺处理，空铺宽度应为200mm 以上。与层面交接处保温层的铺设宽度应伸到墙厚的 1/2 以上。收头卷材应采用机械方法固定。图 3-16、图 3-17 分别表示真空管集热器和平板型集热器嵌入屋面安装时的细部做法。

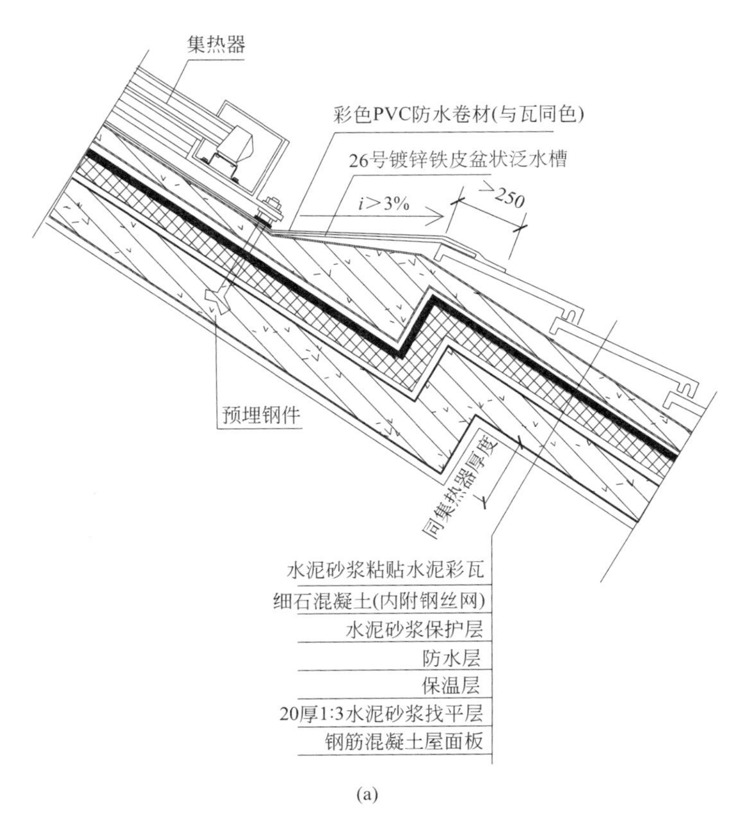

图 3-16　真空管集热器嵌入屋面安装细部构造示意（一）

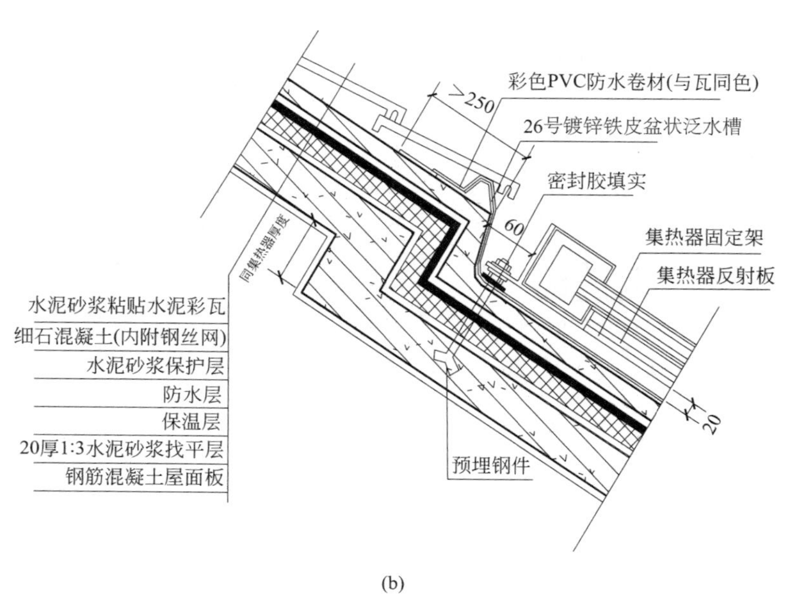

(b)

图 3-16　真空管集热器嵌入屋面安装细部构造示意（二）

（a）集热器底部；（b）集热器上部

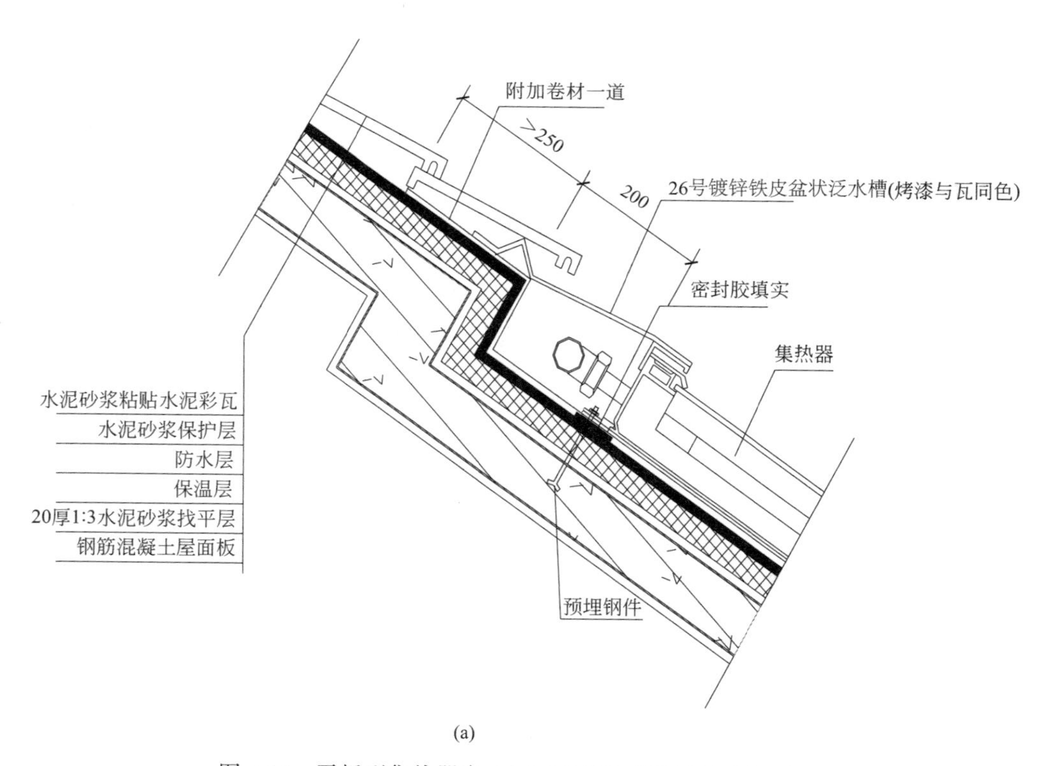

(a)

图 3-17　平板型集热器嵌入屋面安装细部构造示意图（一）

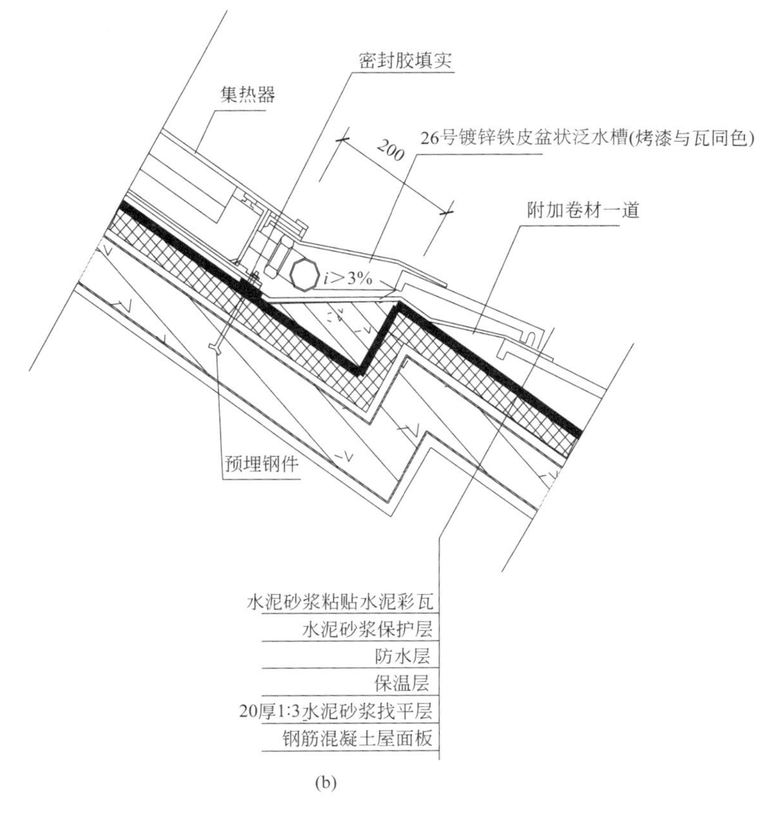

图 3-17　平板型集热器嵌入屋面安装细部构造示意图（二）

（a）集热器上部；（b）集热器底部

安装集热器的局部屋面下沉的地方，屋面基层结构较复杂，所以宜采用防水涂膜作附加增强层，但防水涂膜在屋面与下沉的转角处不能作空铺处理，故仍用防水卷材。

6. 太阳能集热器架空坡屋面安装

从与建筑结合的角度来看，太阳能集热器架空坡屋面安装似乎不如镶嵌在屋面安装美观，但是架空屋面安装给建筑、结构等专业带来的设计安装难度相对小一些，而且从宏观和远景建筑效果来看，架空坡屋面安装与镶嵌屋面相差无几。因此，集热器架空坡屋面安装的形式也不失为一种集热器与建筑结合的理想方式。图 3-18 为太阳能集热器架空坡屋面安装实例。

图 3-18　集热器架空坡屋面安装工程实例

集热器架空坡屋面安装一般是将集热器固定在预埋或预留在屋面的建筑构件上来实现的，预埋件的结构特性及其防水处理应给予高度重视。关于预埋件配筋构造和预埋件的防水可参见本书相关内容。图 3-19、图 3-20 分别表示真空管集热器和平板型集热器坡屋面架空安装时的细部做法。

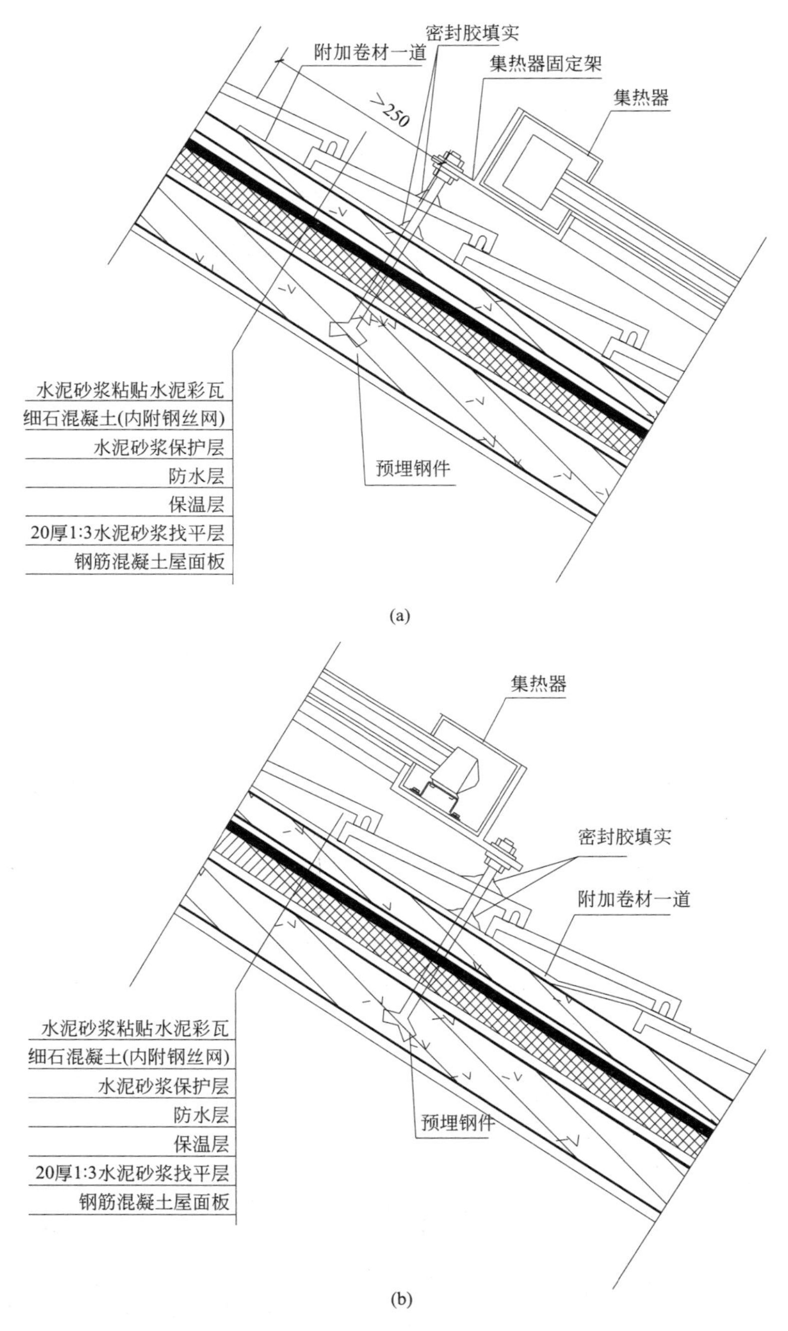

图 3-19　真空管集热器架空坡屋面安装细部构造示意
（a）集热器上部；（b）集热器底部

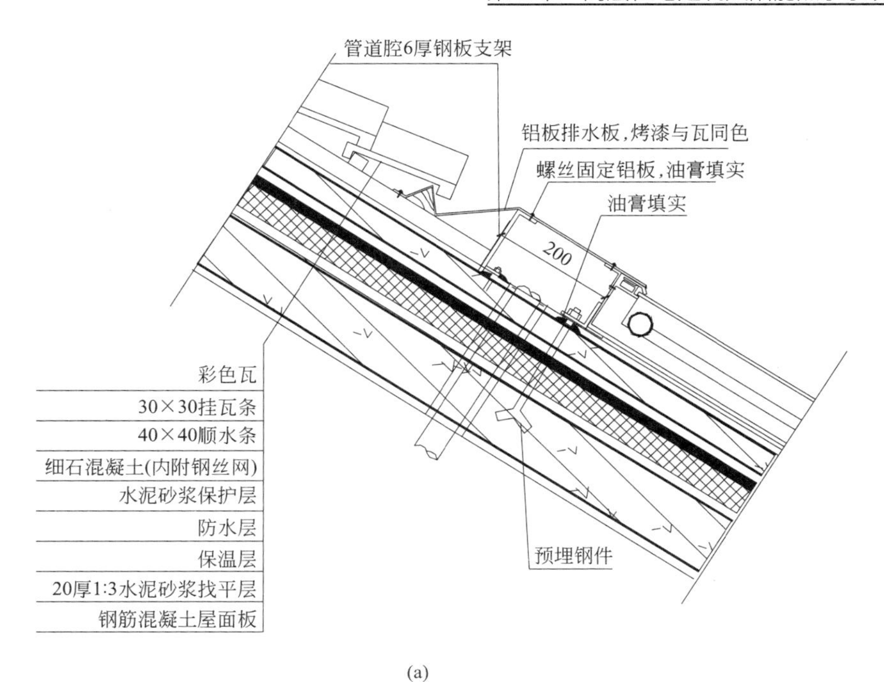

(a)

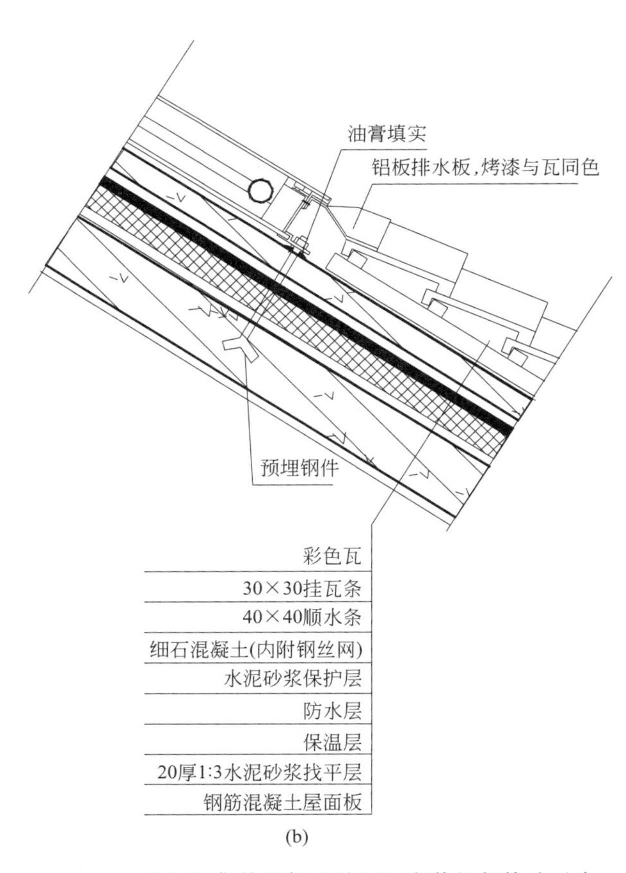

(b)

图 3-20　平板型集热器架空坡屋面安装细部构造示意

（a）集热器上部；（b）集热器底部

3.3.3 太阳能集热器安装

1. 一般规定

（1）太阳能集热器阵列的安装与水平面的倾角及朝向偏离角度按深化图纸的设计施工说明执行；

（2）集热器摆放位置应符合设计要求，并与集热器支架牢靠固定，防止滑脱。

（3）集热器与集热器之间的连接应按照厂家规定的连接方法连接，密封可靠、无泄漏、无扭曲变形。

（4）集热器之间的连接件，应便于拆卸和更换。

（5）集热器连接完毕应进行检漏试验，检漏试验应符合设计与现行国家标准《民用建筑太阳能热水系统应用技术标准》GB 50364 的相关规定。

（6）集热器之间连接管的保温应在检漏合格后进行，保温应符合现行国家标准《工业设备及管道绝热工程施工质量验收标准》GB/T 50185 的要求。

2. 太阳能集热器支架安装

（1）一般要求

1）太阳能集热系统的支架应按图纸要求制作，达到整体协调、美观。

2）支架应根据设计要求选取材料，并符合现行国家标准《碳素结构钢》GB/T 700 和《桥梁用结构钢》GB/T 714 的要求。材料在使用前应进行矫正。

3）钢结构支架制作严格依据太阳集热器支架设计图进行施工，使用国家标准 5 号热镀锌角钢。支架的焊接应符合现行国家标准《钢结构工程施工质量验收标准》GB 50205 的要求。

4）所有钢结构支架的材料，如角钢、方管、槽钢等，在不影响其承载力的情况下，应选择利于排水的方式放置。当由于结构或其他原因，造成不易排水时，应采取合理的排水防水措施，确保排水通畅。

5）支架应按设计要求安装在承重基础上，位置正确，与基础固定牢靠。

6）应根据现场条件，对支架采取合理的防风措施，并与建筑物牢靠固定。

7）钢结构支架应与建筑物接地系统可靠连接。

8）钢结构支架焊接完毕，应按设计要求做防腐处理。防腐施工应符合现行国家标准《建筑防腐蚀工程施工规范》GB 50212 和《建筑防腐蚀工程施工质量验收标准》GB/T 50224 的要求。

（2）支架的安装方法

支架应采用螺栓或焊接固定在基础上，并应确保强度可靠、稳定性好。为确保自然循环、泄水及防冻回流等需要，设计时有坡度要求的支架应按设计要求安装。集热系统如采用建在楼顶防水层上的基础时，支架可摆放在基础之上，然后把各排支架用角钢等材料连接在一起并与建筑物相连，提高抗风能力。

集热器支架在混凝土基础上安装时，应先按图纸和集热器实物，核对土建施工的基础，检查基础标高和坐标及地脚螺栓的孔洞位置是否正确，然后清除基础上的杂物，特别是螺栓孔中的木盒板要清除干净，按施工图在基础上放出中心线。

安装集热器支架时，先将支架放在基础上，使支架的螺栓孔对正基础上预留的螺栓孔，把地脚螺栓一端插入基础的螺栓孔内，带丝扣的一端穿过底座的螺栓孔，并挂上螺母，丝扣应高出螺母 1～1.5 扣的高度。将支架拨正，用垫铁把支架垫平，然后用 1∶2 的水泥砂浆浇筑地脚螺栓孔，待水泥砂浆凝固后，再拧紧螺母。

混凝土基础表面要平整，各立柱支腿基础标高在同一水平标高上，高度允许偏差 ±20mm，分角中心距误差 ±2mm。

支架立柱脚与基础预埋钢板直接连接或地脚螺栓连接。安装时要找正找平，支架要稳定牢固。支架的各连接部位的连接件均应采用热镀锌或不锈钢螺栓。相同部位连接件的坚固程度要一致。

3. 集热器安装

集热器之间的连接有柔性接头和波纹管等多种形式。柔性接头用于集热器之间的连接处，以消除由于硬连接导致的漏水现象，同时可防止在连接过程中发生损坏集热器等事故。目前常用的柔性接头有两种形式：一种是特制的橡胶柔性接头，接头的两端各设一只活接头，一端与管道连接，另一端与集热器连接；另一种是退火的紫铜管，两端用扩管器扩成喇叭口形，用锁母拧紧。波纹管的连接应符合现行国家标准《波纹金属软管通用技术条件》GB/T 14525 的相关规定。

3.3.4 集热系统管道穿围护结构做法

1. 管道穿屋面做法

目前，我国大多数太阳能集热系统安装在屋面，太阳能集热系统的管道一般要穿过屋面，管道穿屋面处成为屋面防水的重点控制环节，本节将按照不同屋面防水做法分别介绍。

卷材防水屋面—伸出屋面管道根部的防水构造。伸出平屋面管道根部周围的找平层应做成圆锥台。圆锥台的高度为 30mm，以 30％找坡，即圆锥台应延伸至管外径 100mm 的范围内，圆锥台与管壁四周留 20mm×20mm 的凹槽，槽内嵌填密封材料，防水层与附加防水层的收头部位在管道上方 250mm 处，用金属箍或铅丝固定，并用密封材料封严（图 3-21），大面防水层与附加防水层之间、附加防水层与基层之间应采用满涂法相连接。

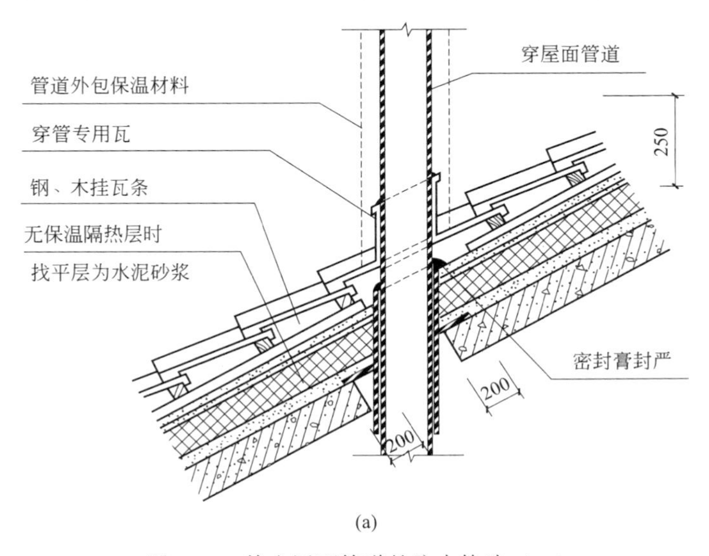

(a)

图 3-21　伸出屋面管道的防水构造（一）

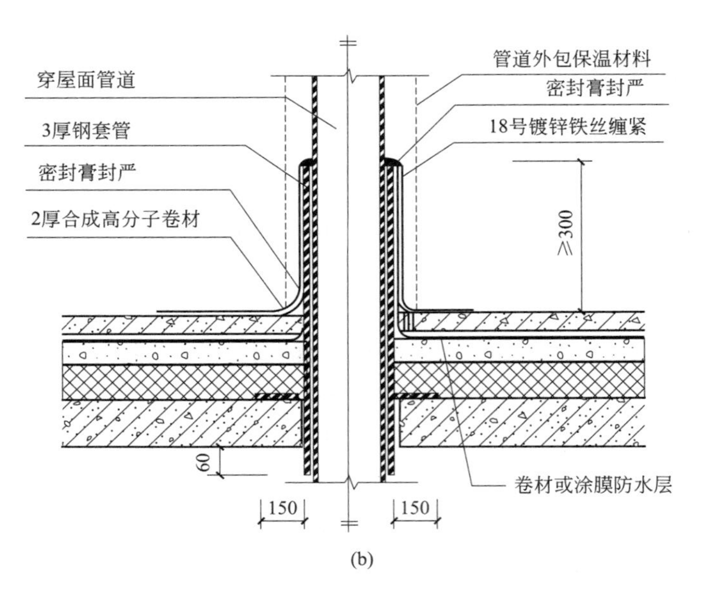

图 3-21　伸出屋面管道的防水构造（二）

（a）管道穿坡屋面做法；（b）管道穿平屋面做法

伸出屋面管道的防水构造与其他细部构造、节点部位的防水构造一样，都应采取多道设防、柔性密封、机械固定的防水措施，以提高防水薄弱环节处防止渗漏的可靠性。

管道根部增设的附加防水层，有两种设置方法：一种是用防水卷材铺贴，另一种是用防水涂料涂布。

（1）用防水卷材铺设附加防水层

用防水卷材铺设伸出屋面管道根部的附加防水层的铺贴宜分两步进行。

第一步先裁取一面积略大于找平层圆锥台表面积的圆形卷材片，再在圆形卷材片中心剪出与管径大小相同的“米”字形刀口（刀口不能太大，以能刚好套住管子即可）；在圆锥台基层、管根和裁好的卷材片底面分别涂刷基层胶粘剂（或卷材胶粘剂），待胶粘剂基本干燥（胶粘剂基本不粘手指，此时具有良好的粘结强度），将圆环形卷材牢固地粘贴在找平层圆锥台管根部，“米”字形三角片粘贴在管根立面（图 3-22），然后用密封材料对卷材的所有边缘进行密封处理。这种方法常用于具有良好延伸性能的合成高分子防水卷材，对于延伸性能较差的沥青油毡和高聚物改性沥青防水卷材宜用两块卷材进行拼接铺贴（图 3-23）。两块卷材的尺寸相同，先在两块卷材的两边画一直径等于管子外径的切线圆［图 3-23(a)］，再用开刀沿“米”字形虚线划裁口，去掉边缘的多余部分［图 3-23(b)］，根据屋面的坡度和流水方向，先用热熔工具或冷、热玛瑞脂将一块卷材铺贴于圆锥台基面，“米”字形裁口围住管子，小三角块粘贴于管根立面［图 3-23(c)］，再用相同的方法铺贴另一块卷材，两块卷材的搭接部分应粘结牢固［图 3-23(d)］。最后，还应用高聚物改性沥青密封材料或玛瑞脂在卷材的边缘进行密封处理，用玛瑞脂密封时，应涂刷数遍，使密封彻底。

第二步剪取一矩形卷材片，矩形卷材片的一边应大于 350mm，另一边比管子的外周长大出 100mm（留出搭接宽度），然后在 350mm 的一边量取 100mm 宽度，并沿另一边

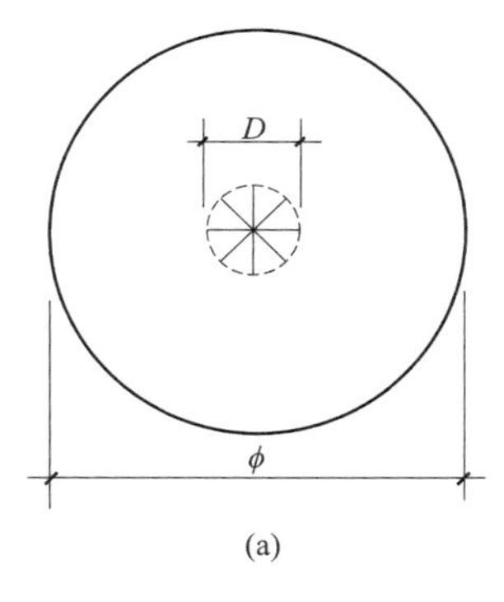

(a)

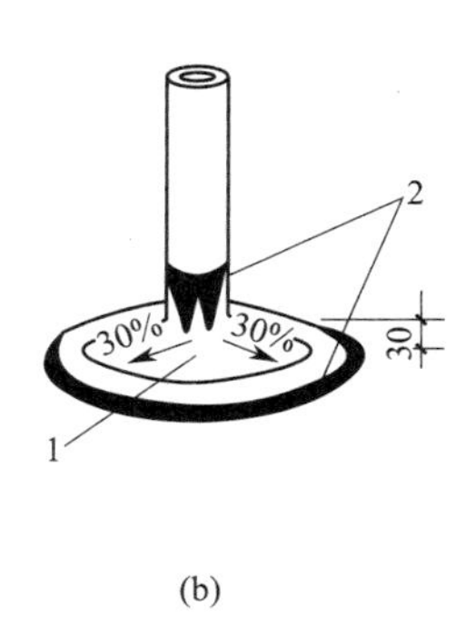

(b)

图 3-22　圆形卷材片铺贴方法示意图

(a)“米”字形裁口圆形卷材；(b) 铺贴于管根

D—管子外径；ϕ—大于 D+200mm；1—附加卷材；2—密封材料

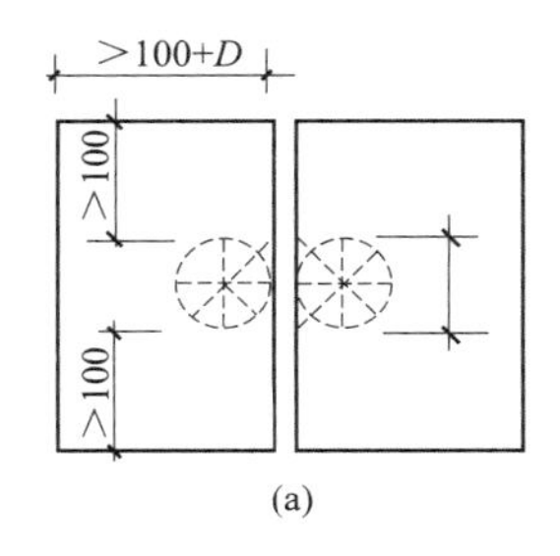

(a)

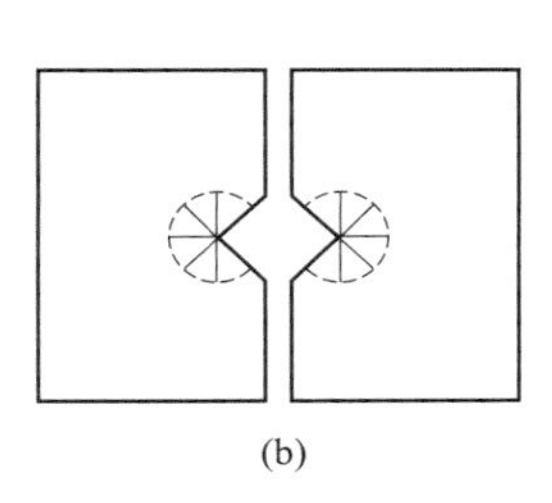

(b)

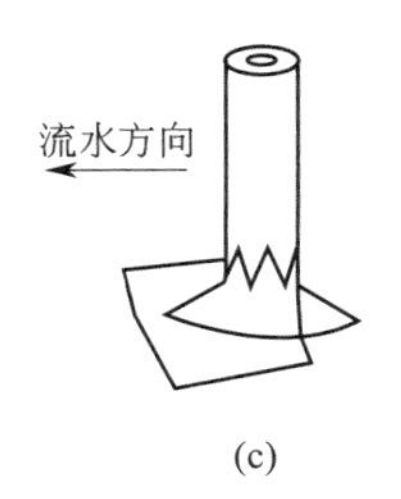

(c)

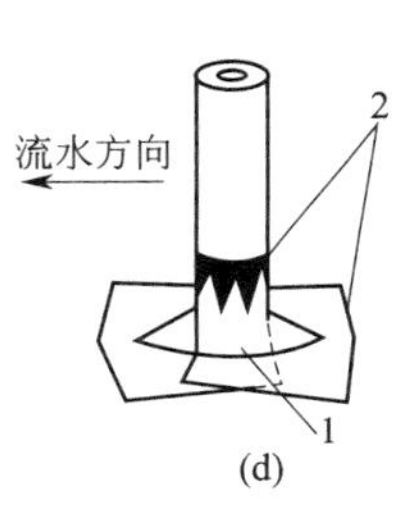

(d)

图 3-23　沥青、改性沥青类防水卷材管根部位培增强铺贴拼接方法

(a) 拼接卷材规格尺寸；(b) 划裁口；(c) 铺一块卷材；(d) 铺另一块卷材

1—顺水接槎；2—密封材料

划出若干道裁口 [图 3-24(a)]。在管壁、管根部位和矩形卷材片底面涂布卷材胶粘剂，将其牢固地粘贴于管壁和管根周围 [图 3-24(b)]，再在卷材搭接部位和管根平面四周嵌填密封材料 [图 3-24(c)]。

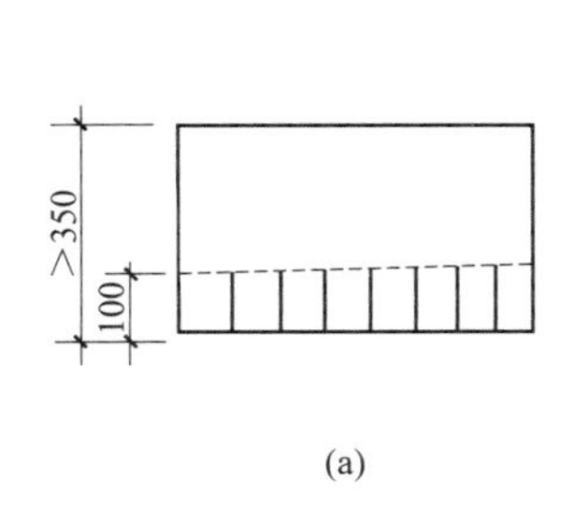

(a)

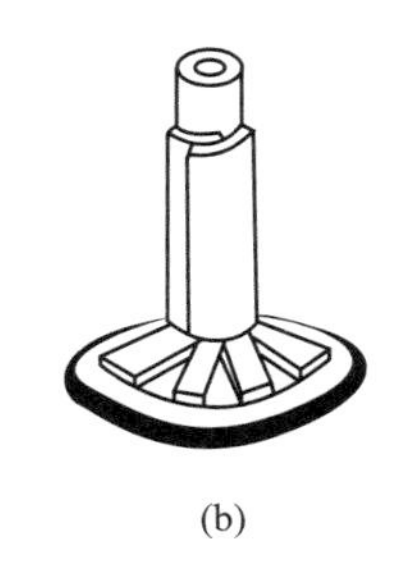

(b)

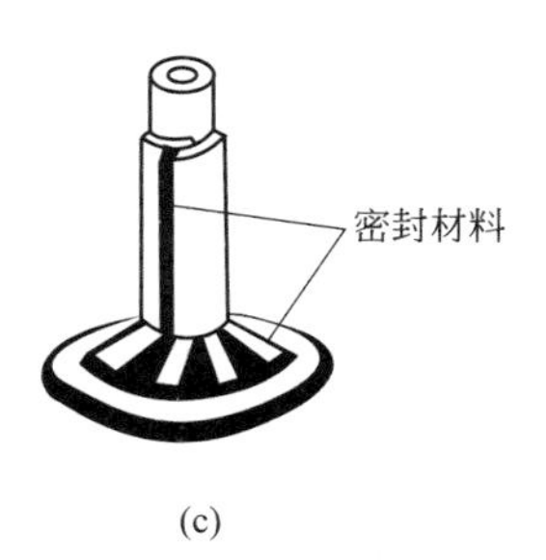

(c)

图 3-24　管根上部附加卷材粘贴方法

(a) 矩形卷材片；(b) 粘贴管根上部附加卷材；(c) 嵌填密封材料

待大面防水层铺贴完后，就可在管子的上端按图 3-21 的方法用金属箍固定收头卷材，并用密封材料进行密封处理。大面防水层在管根处的铺贴方法与附加卷材防水层的铺贴方法基本相同，只是管子外径圆在卷材上的位置应按实际情况确定，施工时应灵活掌握。

(2) 用防水涂料涂布附加防水层

防水卷材在细部构造处的施工较繁琐，接头部分多，整体性差，而改用防水涂料进行涂布施工就能形成连成一体的无接缝的涂膜附加防水层。防水涂料的施工方法、涂刷的遍数都应符合施工要求，必要时可铺贴胎体增强材料，以增强细部构造部位附加防水层的强度。细部构造处用不同种类的防水材料进行互补设防，能够发挥各自的特点，弥补不足，取得良好的防水效果。

2. 管道穿其他围护结构做法

管道穿过建筑物基础、楼板、墙体、设备基础时，要根据设计预留孔洞或埋设套管。预留孔洞的尺寸一般比管径大 2 倍，具体尺寸可参照相关施工验收规范。套管的作用是防止管道在使用过程中热胀冷缩拖掉墙皮以及使管道移动受限。如管道穿过地下室或地下构筑物外墙时宜用防水套管。一般可用刚性防水套管（图 3-25）；有严格防水要求时采用柔性防水套管（图 3-26）。防水套管中的填料要填实。

管道穿过隔墙和楼板大多数情况下采用普通套管，它分为铁皮制和钢管制。铁皮套管可用薄铁板卷成圆筒形，刚管制套管用比管径大 1～2 级的钢管制成。安装管段时先把预制好的套管穿上。如管道穿过楼板，套管上端应高出地面 20mm，防止上层房间地面水渗流到下层房间。下端与楼板底平。如管道穿过有燃气管道的房间，套管与管子之间的空隙必须用填料填实。

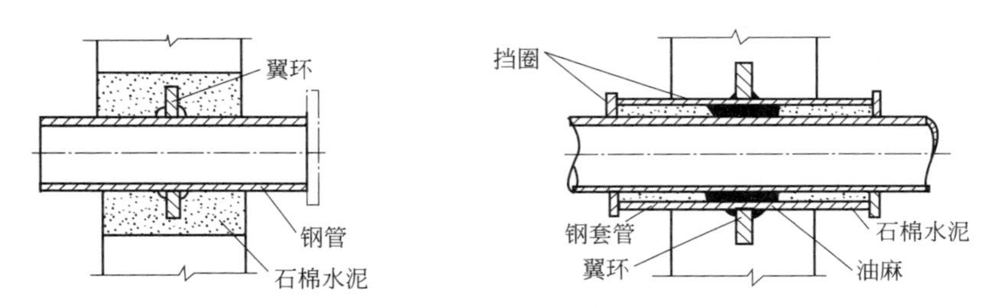

图 3-25　刚性防水套管

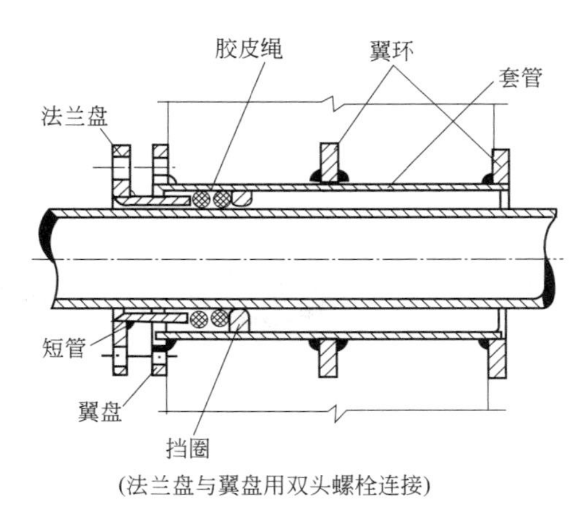

图 3-26　柔性防水套管

3.4　太阳能储热系统安装

3.4.1　阳台壁挂式太阳能热水系统储热水箱安装

储热水箱的安装应符合设计要求，与底座固定牢靠。

1. 储热水箱安装位置

储热水箱的安装位置应符合以下条件：1）尽量靠近集热器出口位置，以降低集热介质循环损失；2）储热水箱必须固定在承重墙面，严禁在非承重墙或空心砖墙面上固定储热水箱；3）储热水箱应避免影响室内采光；4）储热水箱应尽量靠近排水口或地漏；5）为便于日后检修和维护，储热水箱与电加热侧之间应至少留有 200mm 的空间，箱体正前侧应至少留有 400mm 空间。

2. 储热水箱安装

储热水箱一般由生产单位在施工现场组装，生产厂家根据水箱容积和规格尺寸将箱体的板块下料完毕，随同其他附件和零件运到工地，水箱组装前应在水箱支座上按水箱的尺寸画上定位线。水箱安装时应用水平尺和垂线随时检查储热水箱的水平和垂直度，其允许偏差：坐标 15mm、标高±5mm、垂直度 5mm/m。常见的储热水箱固定方式包括采用带挂钩的膨胀螺栓在承重墙固定、采用 H 形挂架在承重横梁上固定、采用吊顶式水箱支架在阳台屋顶上固定，其安装示意图分别如图 3-27～图 3-29 所示，固定时应保证膨胀螺栓插入承重墙体≥100mm。建筑承载能力不小于储热水箱满水质量的 2 倍。

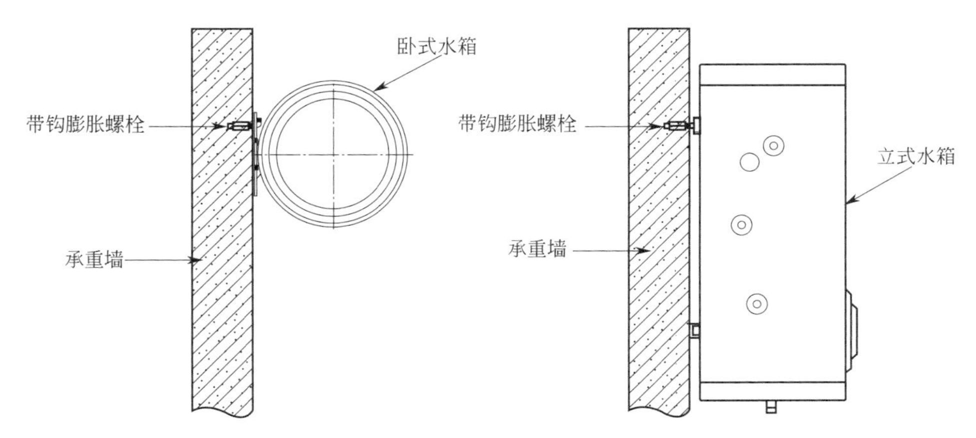

图 3-27　承重墙固定储热水箱示意图

储热水箱安装完毕，应按设计要求的接管位置在储热水箱上进行管道接口，并装上法兰的短节接头或管箍，按设计要求安装附件，安装水箱附件时应注意以下问题：

（1）溢水管不得与排水系统的管道直接连接，必须采用间接排水。溢水管出口应装设网罩（网罩构造可采用长 200mm 短管，管壁开设孔径 10mm，孔距 20mm，且一端管口封堵，外用 18 目铜或不锈钢丝网包扎牢固），防止小动物爬进箱内。溢水管上不得装设阀门。

（2）泄水管上应安设阀门，阀后泄水管可与溢水管相连接，但不得与排水系统管道直

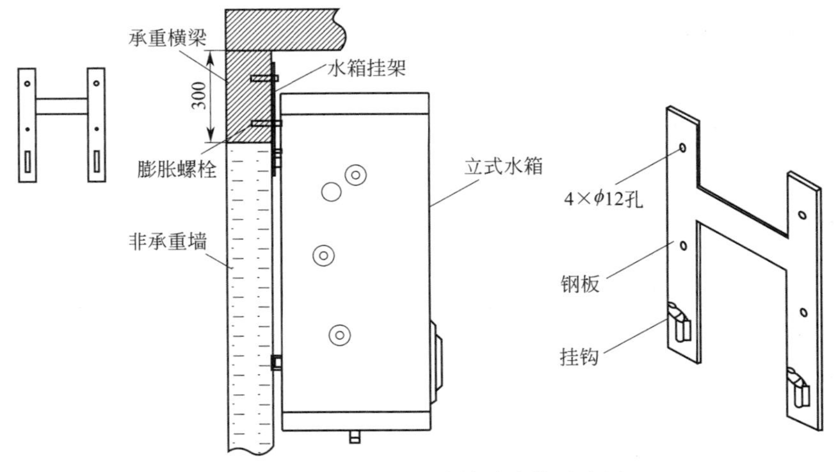

图 3-28 承重横梁固定储热水箱示意图

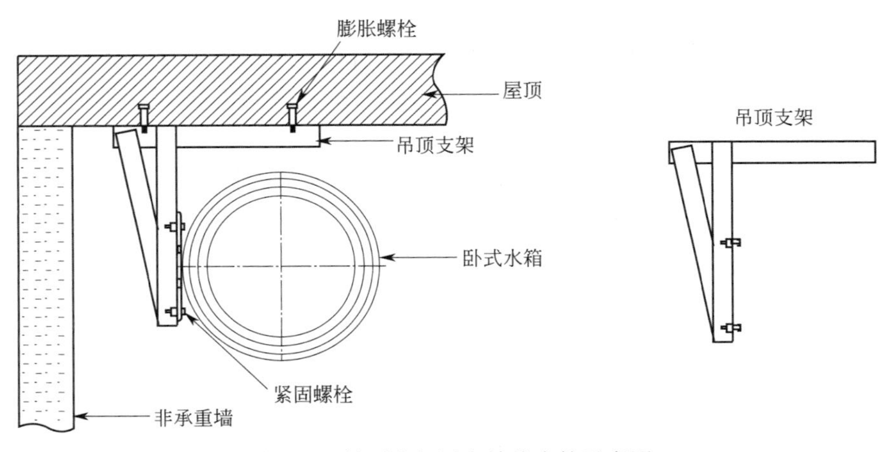

图 3-29 吊顶支架固定储热水箱示意图

接连接。

(3) 通气管的末端可伸至室内或室外，但不允许伸至有有害气体的地方；管口朝下设置，并在管口末端装设防昆虫、蚊蝇及其他杂物进入的过滤网；通气管上不得装设阀门；通气管不允许与排水系统的通气管和通风管道连接。

(4) 储热水箱人孔盖应为加锁密封型，且高出水箱顶板面不小于 100mm。

3. 储热水箱满水试验

储热水箱安装完毕应进行满水试验。试验方法：关闭出水管和泄水管阀门，打开进水管阀门放水，边放水边检查，放满水为止，静置 24h 观察，不渗漏为合格。

4. 储热水箱保温

储热水箱的保温要满足设计要求的保温材料及厚度。当设计无具体材质要求时，可采用聚氨酯泡沫塑料、闭孔橡塑海绵、聚苯乙烯、超细玻璃棉、岩棉及复合硅酸盐毡、珍珠岩等。保温层表面应平整，封口应严密，无空鼓及松动现象。

3.4.2 集中—分散式太阳能热水系统储热水箱安装

集中—分散式太阳能热水系统中的太阳能集热系统为所供应的全部用户共享，储热水箱则分散设置在其供应热水的每个用户户内，其施工安装与阳台壁挂式太阳能热水系统储热水箱基本一致。

3.4.3 集中式太阳能热水系统储热水箱安装

集中式太阳能热水系统中的太阳能集热系统为所供应的全部用户共享，设置集中储热水箱和集中辅助热源系统，集中储热水箱通常安装在建筑屋面。

1. 集中储热水箱基础施工

（1）集中储热水箱应在设计单位审核后的指定位置制作，如没有给出指定位置，一般在承重墙或承重梁上制作基础，基础中心线与水箱中心线相互对应，且位置选定后，应由建筑设计单位进行荷载校核。

（2）承重墙或梁跨度大于储热水箱底座的，必须采用钢结构做基座，连接形式采用焊接或螺栓连接，并做好防腐处理。

（3）基础尺寸和间距符合设计要求和储热水箱的放置要求，混凝土基座允许尺寸误差±5mm，钢结构基座允许尺寸误差±3mm。

（4）放置在地面的储热水箱必须制作混凝土基础，且强度达到设计要求。

（5）储热水箱基础四周应留有不少于600mm的设备安装和维修空间。

2. 储热水箱安装

当储热水箱安装在屋面时，其施工安装除应满足第3.4.1节的条件外，水箱防冻、防腐、防老化等要严格按照设计要求施工，成品储热水箱应核对是否能够在室外使用，现场制作的储热水箱还应对保温层进行保护。储热水箱底座按设计制作并摆放在承重基础上，底座表面应焊接平整，无扭曲变形。

3.5 其他能源辅助加热/换热设备安装

阳台壁挂式和集中—分散式太阳能热水系统的辅助热源分散设置在每个用户的户内，辅助热源设备通常为燃气热水器、电加热器等，集中式太阳能热水系统设置集中辅助热源，通常为电锅炉、燃气锅炉等。包含换热设备的系统，其安装应满足第3.5.3节和第3.5.4节的要求。

3.5.1 一般要求

电热管直接辅助加热系统的安装应符合现行国家标准《建筑电气工程施工质量验收规范》GB 50303的相关要求。

电锅炉的安装应符合《建筑给水排水及采暖工程施工质量验收规范》GB 50242、《电加热锅炉　技术条件》JB/T 10393等现行标准的要求。

额定工作压力不大于2.5MPa的固定式蒸汽锅炉和固定式承压热水锅炉的安装，应符合现行国家标准《锅炉安装工程施工及验收标准》GB 50273的相关要求。

燃油燃气常压热水机组的安装应符合现行团体标准《生活热水机组应用技术规程》T/CECS 134 的相关要求。

下列水加热设备的安装应符合现行国家标准《建筑给水排水及采暖工程施工质量验收规范》GB 50242 的相关要求：

（1）额定工作压力不大于 1.25MPa、热水温度不超过 130℃的整装蒸汽和热水锅炉及辅助设备的安装；

（2）直接加热和热交换器及辅助设备的安装。

3.5.2 燃气热水器

燃气热水器的安装示意图如图 3-30 所示，其中燃气热水器中排烟管道的施工应满足以下要求：

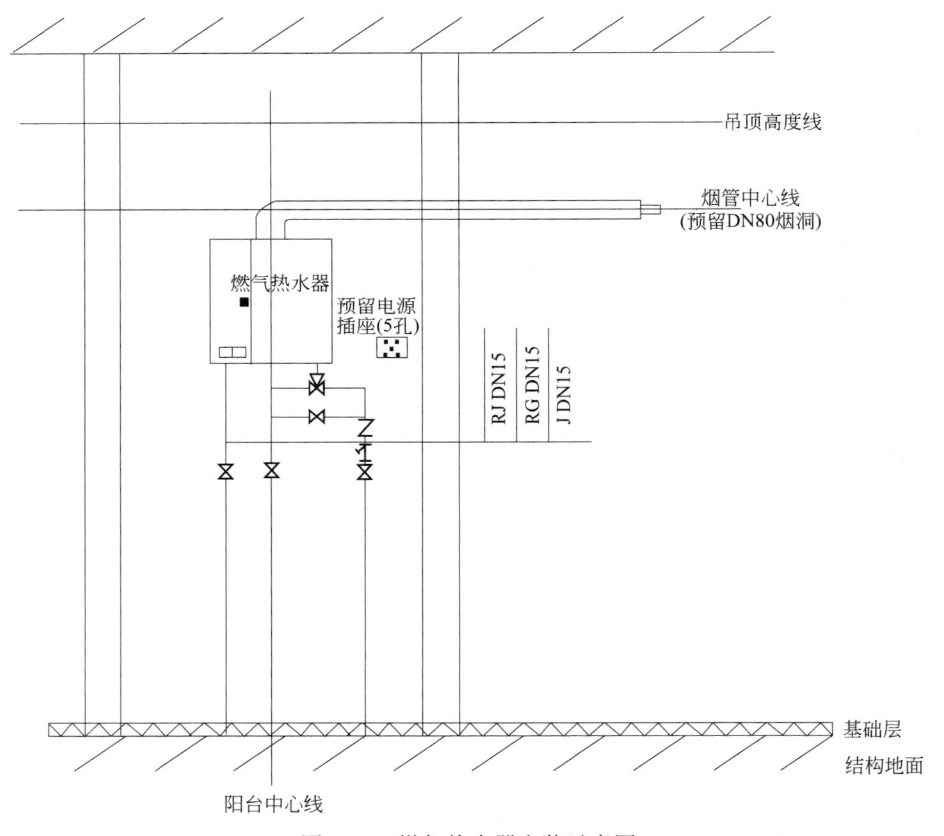

图 3-30 燃气热水器安装示意图

（1）排烟管道应使用 304 不锈钢材质波纹软管，管壁厚不小于 0.5 mm，排烟管的总长度不大于 3 m，弯头数量不多于 3 个，角度大于 90°，弯头保证圆滑转角。

（2）排烟水平横管应有 1%的坡度坡向热水器，防止冷凝水倒流。

（3）排烟管应有防烟气泄漏的措施，连接处须使用铝箔胶带或烟道管卡密封。

（4）排气管安装时不得有中间下垂的地方，排气管的接头经主机顶部较高时，应先从主机引出直立的延长管后再向下配管，不得在途中设立向上直立的部分。

（5）排烟管应排至室外敞开空间，排烟口周边各方向 25cm（750px）内不得有阻碍物和建筑开口，防止烟气回流。

（6）排烟管尽量安装在耐火墙上，对于非耐火墙，应有厚度不小于 10 mm 的耐火隔热层分隔排烟管和墙壁。

（7）排烟管每隔 1.5～2m 应使用支架进行固定。

3.5.3　容积式换热器

1. 容积式换热器安装前的准备

（1）换热器进场后应进行本体水压试验，试验压力应为 1.5 倍的工作压力。蒸汽部分应不低于蒸汽压力加 0.3MPa；热水部分应不低于 0.4MPa。在试验压力下 10min 内压力不下降、不渗漏为合格。

（2）施工安装单位应按设备基础设计图预制混凝土基础，一般采用 C15 素混凝土，并需要预埋地脚螺栓，在安装前再在支座表面抹 M10 水泥砂浆找平，待基础强度达到要求后再进行设备安装。

2. 容积式换热器的安装

太阳能热水系统使用的换热器一般均为整体式安装，即换热器由生产厂家整体运输进场，施工安装单位组织检查验收后临时存放在现场。当需要安装时，还应进行复查，检查无损伤后方可组织安装。整体换热器安装就位的一般做法：

（1）用滚杠法将换热器运到安装部位。

（2）将随设备进场的钢支座按定位要求固定在混凝土底座或地面上。

（3）根据现场条件采用拔杆（人字架）、悬吊式滑轮组等设备工具，将换热器吊到预先准备好的支座上，同时进行设备定位复核，直至合格。

3. 容积式换热器的附件安装

（1）换热器的安全阀、压力表、温度计及设计要求安装的温度控制器等附件的安装，应符合设计要求。

（2）安全阀的安装，必须按下列规定进行：

1）安装前，必须核对安全阀上的铭牌参数和标记是否符合设计文件的规定。安全阀安装前须到规定检测部门进行测试定压。

2）安全阀必须垂直安装，其排出口应设排泄管，将排泄的热水引至安全地点。

3）安全阀的压力必须与热交换器的最高工作压力相适应，其开启压力一般为热水系统工作压力的 1.1 倍。

4）安全阀的安装应符合《压力容器安全技术监察规程》的规定，并经劳动部门试验调试后才能使用。

5）安全阀开启压力、排放压力和回座压力调整好后，应进行铅封，以防止随意改动调整好的状态，并做好调试记录。

（3）温度控制器（阀）安装要求：

1）温度控制器（阀）的进出口方向应与被调热源流向一致。

2）温包应全部浸没在被调介质中，水平或倾斜向下安装。

3）导压管的最小弯曲半径不小于 75mm，最大长度 3000mm，并确保导压管在自然状态下，以防折断。

4）不供热时，应关闭温度控制器（阀）前的阀门。

4. 容积式换热设备的防腐

（1）换热设备和与其连接的管道防腐要求由设计确定，防腐涂料的品种、颜色、涂刷层数等应符合设计要求。当设计对涂料种类及层数无规定时，可按以下建议采用：对于明装无保温的管道和换热设备的支座（架），涂一遍防锈漆，两遍面漆；对于有保温的换热设备及其连接的管道，应涂两遍防锈漆后再进行保温。

（2）换热设备出厂前已由生产厂家进行防腐作业，一般是喷涂防腐漆两遍。设备运输和进场后的吊装、保温都要注意保护防腐层，安装完毕要做一次仔细检查，对受损的防腐部位要进行修补。补漆应是厚涂漆种，先涂底漆，干透后再涂二道面漆。

（3）换热设备及与其连接的管道和支座防腐质量标准：油漆种类和涂刷遍数应符合设计要求；防腐层附着良好，无脱皮、起泡和漏涂现象；漆膜厚度均匀、色泽一致，无流淌和污染现象。

5. 容积式换热设备的保温

（1）换热设备及与其连接的管道保温的具体要求应由设计文件确定。保温材料的名称、主要技术参数、厚度及保护层的材料名称、规格、做法和颜色等均应符合设计要求。

（2）换热设备保温常用的做法：

1）半硬质保温材料保温：保温材料可用聚氨酯、复合硅酸盐等。聚氨酯保温材料做成瓦块，贴在设备表面，外包玻璃布保护，再刷面漆两遍。也可用硬质材料（如镀锌薄钢板）做成包箱，再将聚氨酯发泡液倒入箱内发泡，生成整体的保温外壳。复合硅酸盐保温材料以非金属的海泡石为基料，加入多种辅料，经加工制成复合硅酸盐毡料。保温时先将设备表面清理干净，在复合硅酸盐毡料底层可用稀料涂一层，再贴上毡料，用稀料勾缝抹平即可。当防潮要求高时，可外缠玻璃布，刮腻子粉，再刷防水涂料。

2）软质保温材料保温：保温材料可用橡塑海绵、玻璃棉毡、岩棉毡、矿棉毡等。通常是将保温毡按设备的外形裁剪好毡料，把剪好的毡料覆盖包裹在刷有改性水玻璃胶粘剂的设备表面上，必要时用16号镀锌钢丝捆绑，外面再做金属板保护壳。

（3）换热设备保温的质量标准：保温材料、厚度、保护壳等应符合设计规定；保温层表面平整，做法正确，封口严密，无空鼓及松动现象。

3.5.4 板式换热器

换热器安装之前，首先核对安装基础的标高、定位中心线、地脚螺栓尺寸，全面检查换热器铭牌、管口方位，换热器出厂之前已充氮进行保护，在配管之前，不得打开法兰盲板。

换热器设备基础如果是钢筋混凝土时，则一端固定，另一端应安装滑板。如果是钢基底盘时，不需要另加滑板，设备直接坐在钢基底盘上，且确保支座上没有杂物，有足够的接触面，换热器的滑动端应涂润滑脂。

设备就位要用U形水平管及时找正，拧紧地脚螺栓螺母，滑动端为双螺栓上紧，其纵向和横向水平度应满足相应规范要求。配管后、试运行前，要全面检查换热器连接螺栓松紧程度，一般要求试运行前应拧紧全部连接螺栓，松开滑动端地脚螺栓1～3mm，然后拧紧锁紧螺母，以便换热器自由伸缩。

安装前应进行试压，试验压力应为工作压力的1.5倍。蒸汽部分应不低于蒸汽压力0.3MPa，热水部分应不低于0.4MPa。在试验压力下10min内压力不下降、不渗漏为合格。

检查管道的冷、热介质进出口与设备上的接管是否一致。考虑到检修方便，管道与换热器连接时最好用短节。安装管路时，应在管路上配齐阀门、压力表、温度计，流量控制阀应装在换热器进口处，在出口处应装排气阀。设备管道里面要清理干净，防止砂石焊渣等杂物进入换热器，造成堵塞。当使用介质不干净，有较大颗粒或长纤维时，进口处应装有过滤器。

3.5.5 燃气/燃油锅炉

燃气/燃油锅炉的安装应符合国家有关标准规范的要求，此处不再赘述。

3.5.6 电锅炉/电加热器

电锅炉、电加热器安装应注意的问题：

（1）电锅炉、电加热器必须按设计或产品要求有安全可靠的接地措施。

（2）电锅炉、电加热器应有符合设计或产品要求的过热安全保护措施，以防止热水温度过高和出现无水烘干现象。

（3）无压力安全措施装置时，电锅炉、电加热器的热水出口不得装设阀门，以防压力过高发生事故。

（4）电锅炉、电加热器应有必要的电源开关指示灯、水温指示等装置。

（5）电锅炉、电加热器型号、规格极多，安装时必须符合产品安装说明书的有关规定和要求。

3.6 水泵、管道及其他附件安装

3.6.1 一般要求

水泵应按照厂家规定的方式安装，并符合现行国家标准《压缩机、风机、泵安装工程施工及验收规范》GB 50275的要求。水泵周围应留有检修空间，安装在室外的水泵，应有妥当的防雨保护措施。可能结冰的地区必须采取防冻措施。

太阳能热水系统的管路安装应符合现行国家标准《建筑给水排水及采暖工程施工质量验收规范》GB 50242的相关要求。

阀门安装位置，必须方便于操作。阀门安装前，应按设计核对型号，并按介质流向确定其安装方向，不得反装。

3.6.2 材料设备管理的基本要求

1. 太阳能热系统施工安装工程对材料设备的基本要求

（1）安装专业工程所使用的主要材料、成品半成品、配件、器具和设备应具有出厂合格证及质量证明书，其质量应达到技术标准，其性能应满足设计要求。

（2）材料、设备进场应进行检验，对其品种、规格、外观等进行验收。其包装应完好，配件应齐全，产品表面无划痕及外力冲击破损。对有特殊要求的消防用品等应具有主管部门批准的生产许可证。

（3）主要材料、设备应有进场验收单，并应有验收人员的签证。

（4）产品应附有安装使用说明书，特殊产品应有配套工具；国外产品应有商检证明和完整的中文资料。

（5）产品在运输、保管和施工过程中，必须采取有效防止损坏、腐蚀的措施。

（6）成品、半成品、配件、器具和设备进入现场应分类存放在库房内，并应有相应的标识。

2. 阀门安装前的试验

阀门安装前应作强度和严密性试验，以保证质量及运行安全。

3. 冲压弯头的选用

应考虑所连接管道的外径尺寸，以保证冲压弯头外径与连接管道的外径相一致。

3.6.3 水泵施工安装

1. 安装前准备工作

（1）水泵机组进场时，应进行检查验收。水泵的开箱检查，应按设备技术文件的规定清点泵的零件和部件，并应无缺件、损坏和锈蚀等；管口保护物和堵盖应完好；应核对泵的型号、规格和主要安装尺寸，并应与工程设计相符；应具有产品出厂合格证。

（2）水泵机组就位前，安装单位应会同土建工种检查水泵基础混凝土的强度、尺寸、坐标、标高和预留螺孔位置等是否符合设计要求，检查验收合格后方可进行安装。

2. 水泵施工安装

太阳能热水系统中一般有集热循环水泵、生活热水泵和给水水泵，一般采用离心式清水泵，分为立式和卧式水泵。

（1）整体水泵的安装

小型水泵一般由生产厂在出厂前将水泵与电动机组合安装在同一个底座上，并经过调试、检验，然后整体包装运到安装现场。安装单位应先做水泵平衡试验，若经过平衡试验和外观检查未发现异常情况时就可进行安装。若发现有明显的异常情况，需要对水泵进行解体时，应通知供货单位，再进行解体检查和重新组合安装。

整体水泵安装必须在水泵基础混凝土达到设计强度和基础混凝土坐标、标高、尺寸符合设计规定的情况下进行。在水泵基础面和水泵底座上划出水泵中心线，然后将整体的水泵吊装在基础上，套上地脚螺栓和螺母，调整底座位置，使底座上的中心线与基础上的中心线重合一致。再在水泵的进出口中心和轴的中心分别用线坠吊垂线，移动水泵，使线锤尖和基础表面的纵横中心线相交。把水平尺放在水泵轴上测量轴向水平，调整水泵的轴向位置，使水平尺气泡居中，误差不超过 0.1mm/m，然后把水平尺平行靠在水泵进出口法兰的垂直面上，测其径向水平。当水泵找正找平后，方可向地脚螺栓孔和基础与水泵底座之间的空隙内浇筑混凝土，待凝固后再拧紧地脚螺母，并对水泵位置和水平情况进行复查，以防止二次灌浆或拧紧螺母时使水泵发生移动。

（2）组装水泵的安装

较大型水泵出厂时，由生产厂按水泵、电动机和水泵底座等部件分别包装成箱。设备安装时，先在基础面和底座面上划出水泵中心线，然后将底座吊在基础上，套上地脚螺栓和螺母，调整底座位置，使底座的中心线和基础上的中心线重合一致，再用水平仪在底座的加工面上检查底座的水平程度。不水平时可用加垫铁的方法进行找平。垫铁的平面尺寸为60mm×80mm～100mm×150mm，垫铁的厚度为1～20mm。垫铁应放在水泵底座的4个角下，每处所垫垫铁不宜超过3块，底座垫平后再把水泵吊放在底座上，并对水泵的轴线、进出口中心线和水泵的水平度进行检查和调整，直至合格。

3. 水泵进出口管道安装

（1）水泵进出口管道安装应从水泵开始向外安装，不可将固定好的管道与水泵强行组合。水泵配管及其附件的质量不得加在水泵上；管道与泵连接后，不应再在其上进行焊接和气割，如需焊接或气割时，应拆下管段或采取可靠的措施，防止焊渣进入泵内和损坏泵的零件。水泵与阀门连接处，应安装橡胶可曲挠接头。

（2）吸水（进水）管道的安装，应有不小于0.005的坡度坡向吸水池，其连接变径时应采用偏心异径管，且要求管顶相平，以避免存气。

（3）水泵进出口管道安装的各种阀门和压力表等，其规格、型号应符合设计要求，安装位置正确，动作灵活，严密不漏。管道上的压力表等仪表接点的开孔和焊接应在管道安装前进行。

4. 水泵隔振及安装

当设计有隔振要求时，水泵应配有隔振设施，即在水泵基座下安装橡胶隔振垫或隔振器和在水泵进出口处管道上安装软连接。

（1）橡胶隔振垫和隔振器的安装要点

1）目前常用的隔振垫为SD型，常用的隔振器为JSD型，均为定型产品，安装使用的型号应符合设计要求。卧式水泵一般采用橡胶隔振垫；立式水泵一般采用隔振器。

2）隔振件应按水泵机组的中轴线作对称布置。橡胶隔振垫的平面布置可按顺时针方向或逆时针方向布置。

3）当水泵机组的隔振件采用6个支承点时，其中4个布置在机座四角，另外2个应设置在长边线上，并调整其位置，使隔振件的压缩变形量尽可能一致。

图3-31为SD型橡胶隔振垫及平面布置。

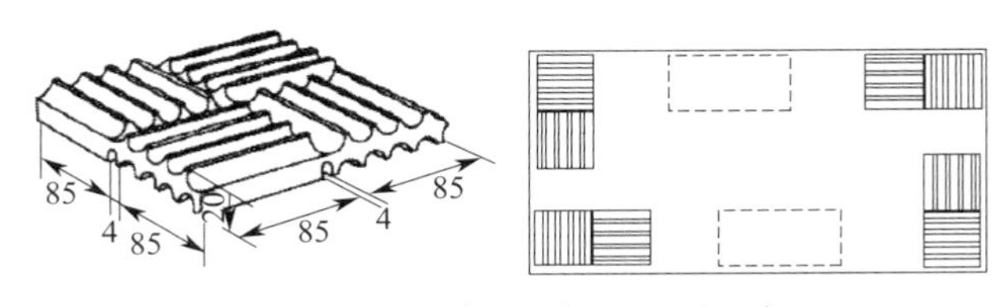

图3-31　SD型橡胶隔振垫及平面布置

4）卧式水泵机组安装橡胶隔振垫时，一般情况下，橡胶隔振垫与地面，及与泵基座或型钢机座之间无需粘接或固定。

5）立式水泵机组隔振安装使用橡胶隔振器时，在水泵底座下宜设置型钢机座并采用锚固式安装；型钢机座与橡胶隔振器之间应用螺栓（加设弹簧垫圈）固定。在地面或楼面中设置地脚螺栓，橡胶隔振器通过地脚螺栓后固定在地面或楼面上。

6）隔振垫多层串联布置时，其层数不宜多于5层，且其各层橡胶隔振垫的型号、块数、大小等均应完全一致。

7）橡胶隔振垫多层串联设置时，每层隔振垫之间用厚度不小于4mm的镀锌钢板隔开，钢板应平整，隔振垫与钢板应用胶粘剂粘接。镀锌钢板的平面尺寸应比橡胶隔振垫每个端部大10mm。镀锌钢板上、下粘接的橡胶隔振垫应交错设置。

8）机组隔振件应注意避免与酸、碱和有机溶剂等物质相接触。

卧式水泵隔振安装如图3-32所示；立式水泵隔振安装如图3-33所示。

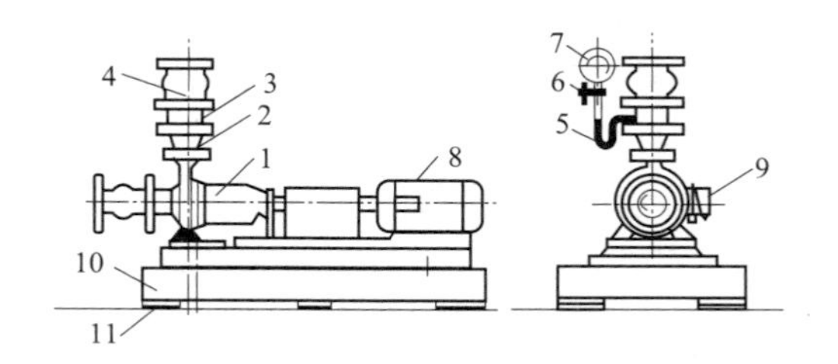

图3-32　卧式水泵隔振安装图

1—水泵；2—吐出锥管；3—短管；4—可曲挠接头；5—表弯管；6—表旋塞；7—压力表；8—电机；9—接线盒；10—钢筋混凝土基座；11—减振垫

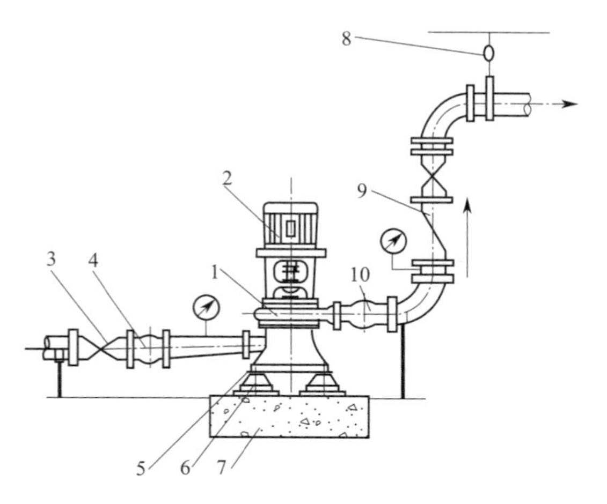

图3-33　立式水泵隔振安装图

1—水泵；2—电机；3—阀门；4、10—可曲挠橡胶接头；5—钢板垫；6—JSD型隔振器；7—混凝土基础；8—弹性吊架；9—止回阀

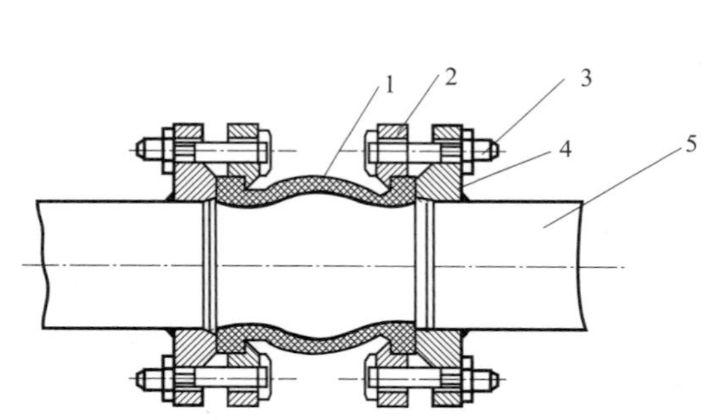

图3-34　可曲挠橡胶接头安装示意图

1—可曲挠橡胶接头；2—特制法兰；3—螺杆；4—普通法兰；5—管道

（2）软连接的安装要点

1）用于生活给水泵进出口管道上的软连接，其材质应符合饮用水质标准的卫生要求，安装在水泵出口管道的可曲挠接头配件（安装方法见图3-34），其压力等级应与水泵工作压力相匹配。

2）安装在水泵进出口管道上的软连接，必须设置在阀门和止回阀的内侧靠近水泵一侧，以防止接头因水泵突然停泵时产生的水锤压力所破坏。

3）软连接应在不受力的自然状态下安装，严禁处于极限偏差状态。

4）法兰连接的软连接的特制法兰与普通法兰连接时，螺栓的螺杆应朝向普通法兰一侧。每一端面的螺栓应对称逐步均匀加压拧紧，所有螺栓的松紧程度应保持一致。

5）法兰连接的软连接串联安装时，应在两个接头的松套法兰中间加设一个用于连接的平焊法兰。以平焊法兰为支柱体，同时使软连接的端部压在平焊钢法兰面上，做到接口处严密。

6）软连接及配件应保持清洁和干燥，避免阳光直射和雨雪浸淋。应避免与酸、碱、油类和有机溶剂相接触，其外表严禁刷油漆。

7）室外水泵应有防雨罩。

3.6.4 管道施工

1. 注意事项

（1）为减少循环水头损失，应尽量缩短管道长度，减少弯头数量，采用大于4倍曲率半径且内壁光滑的弯头和三通部件。

（2）在设置多组集热器时，集热器可以并联、串联或混联，但要保证循环流量均匀分布，为防止短路和滞流，循环管路要对称安装，各回路的循环水头损失平衡。

（3）用于热水系统的管道，应选用热水型而不得选用冷水型的，如聚丙烯（PP-R）塑料管，热水管道应采用公称压力不低于2.0MPa等级的管材和管件，而冷水管可采用公称压力不低于1.0MPa等级的管材和管件；钢塑复合管，其冷、热水型管材内衬材料是不相同的。

（4）为防止气阻和滞流，循环管路（包括上下集管）安装应不小于5‰的坡度，以利于放气和排水，在上行下给式系统供水的最高点应设排气装置；下行上给式系统，可利用最高层的热水龙头放气；管道系统的泄水可利用最底层的热水龙头或在立管下端设置泄水丝堵。

（5）循环管路系统最低点应加泄水阀，使系统存水能全部泄净。

（6）热水管道应尽量利用自然弯补偿热伸缩，直线管段过长应设置补偿器。补偿器的形式、规格和位置应符合设计要求，并按有关规定进行预拉伸。一般采用波纹管补偿器。波纹管补偿器安装要点如下：

1）补偿器进场时应进行检查验收，核对其类型、规格、型号、额定工作压力是否符合设计要求，应有产品出厂合格证；同时检查外观质量，包装有无损坏，外露的波纹管表面有无碰伤。应注意在安装前不得拆卸补偿器上的拉杆，不得随意拧动拉杆螺母。

2）装有波纹补偿器的管道支架不能按常规布置，应按设计要求或生产厂家的安装说明书的规定布置；一般在轴向型波纹管补偿器的一侧应有可靠固定支架；另一侧应有两个导向支架，第一个导向支架离补偿器边应等于4倍管径，第二个导向支架离第一个导向支架的距离应等于14倍管径，再远处才可按常规布置滑动架（图3-35），管底应加滑托。固定支架的做法应符合设计或指定的国家标准图的要求。

3）轴向波纹管补偿器的安装，应按补偿器的实际长度并考虑配套法兰的位置或焊接位置，在安装补偿器的管道位置上画下料线，依线切割管子，作好临时支撑后进行补偿器

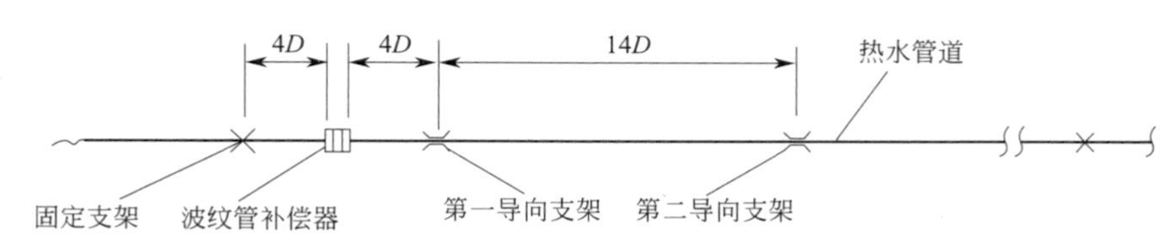

图 3-35　波纹管补偿器管道支架的布置

D—管道直径

的焊接或法兰连接。在焊接或法兰连接时必须注意找平找正，使补偿器中心与管道中心同轴，不得偏斜安装。

4）待热水管道系统水压试验合格后，通热水运行前，要把波纹管补偿器的拉杆螺母卸去，以便补偿器能发挥补偿作用。

（7）热水管道水平干管与水平支管连接，水平干管与立管连接，立管与每层支管连接，应考虑管道相互伸缩时不受影响的连接方式（图 3-36）。

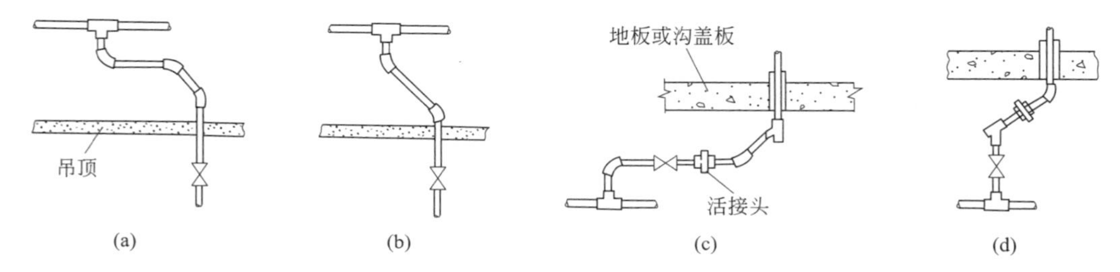

图 3-36　热水干管与立管等管道连接方式

（8）管道水压试验：系统管道安装完毕，管道保温之前根据管道长度应进行强度水压试验和严密性试验。检验方法参见现行国家标准《建筑给水排水及采暖工程施工质量验收规范》GB 50242。

2. 不同材质管道连接方式

管路的材料一般有交联聚乙烯管（PE-X）、铝塑复合管、无规共聚聚丙烯管（PP-R）、聚乙烯管（PE）、聚丁烯管（PB）、铜管、薄壁不锈钢管和热镀锌管等。

（1）交联聚乙烯管（PE-X）的连接方式

管材的选择及施工方法应符合标准图集《交联聚乙烯（PE-X）给水管安装》02SS405-4 的要求。连接方式主要有卡套式连接、卡压式连接和插接式连接等。

1）卡套式连接方式：示意图如图 3-37 所示，首先将螺帽和 C 形卡环依次套入 PE-X 管上，然后将 PE-X 管端面插入至密封垫，通过卡套管件本体和螺帽的螺纹传力使金属 C 形卡环径向收缩，从而使得梯形密封圈受压起到密封作用，实现 PE-X 管和卡套管件的连接和密封。

2）卡压式连接方式：示意图如图 3-38 所示，首先将不锈钢夹套套于 PE-X 管上，然后将 PE-X 插入卡压管件本体中。通过专用钳压工具，让套于 PE-X 管外层的不锈钢夹套产生收缩、塑性变形，迫使 PE-X 管内壁收缩并咬合至卡压管件芯体外圆表面上的锯齿形环槽中。由于两个 O 形密封圈的设计线径大于芯体外径，因此在 PE-X 管内壁收缩后，两个 O 形密封圈将始终处于压缩状态，从而实现连接密封性能。

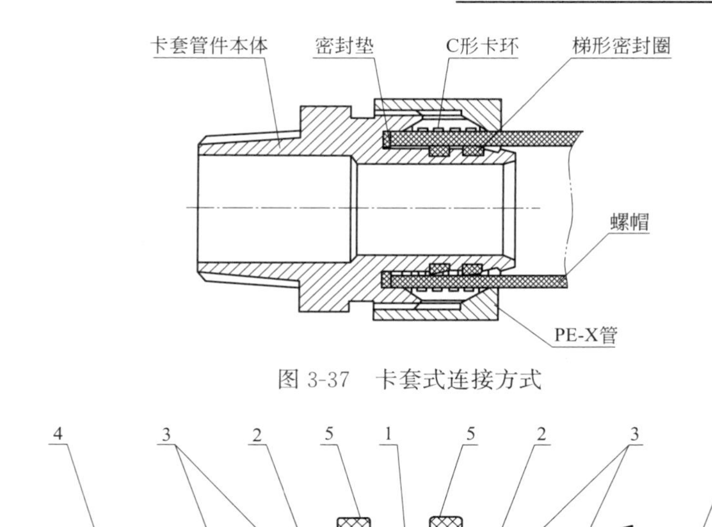

图 3-37　卡套式连接方式

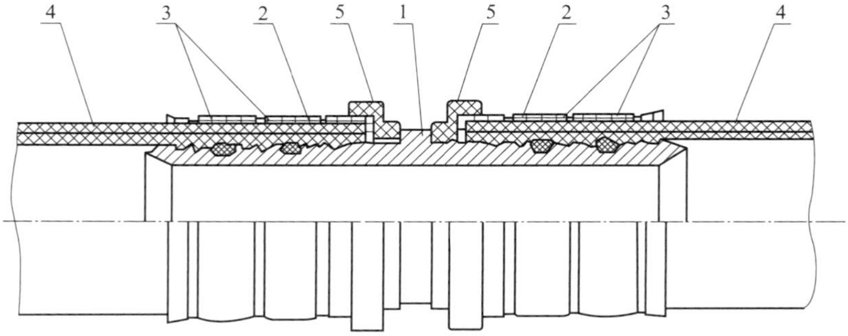

图 3-38　卡压式连接方式

1—卡压管件本体；2—夹套；3—O 形密封圈；4—PE-X 管；5—定位挡圈

3）插接式连接方式：将 PE-X 管截出一个整齐的端面并去除毛刺，然后用力插入管件中即可。此种连接方法主要靠不锈钢卡环将钢壁紧固于管件内，利用管件内壁与管材外壁紧密配合的 O 形橡胶圈来实现密封。

（2）铝塑复合管的连接方式

管材的选择及施工方法应符合标准图集《铝塑复合给水管安装》02SS405-3 的要求。

铝塑复合管与 PE-X 管的连接方式基本相同。

（3）无规共聚聚丙烯管（PP-R）的连接方式

管材的选择及施工方法应符合标准图集《无规共聚聚丙烯（PPR）给水管安装》02SS405-2 的要求。连接方式主要有热熔连接。

热熔连接的示意图如图 3-39 所示，管道连接采用熔接机加热管材和管件，管材和管件的热熔深度应符合要求。连接前应清除管道及附件上的灰尘及异物，连接时，无旋转地把管端插入加热套内，达到预定深度，并将管件进行加热一定时间后，立即迅速无旋转地、均匀用力插入到所要求的深度，使接头处形成均匀凸缘，防止弯头弯曲。在规定的加热时间内，刚熔接好的接头还可进行校正，但严禁旋转。连接完毕，须紧握管子与管件保持足够的冷却时间，冷却到一定程度后方可松手。

（4）聚乙烯管（PE）的连接方式

PE 管道连接应采用热熔连接（热熔承插连接、热熔对接连接）和电熔连接（电熔承插连接、电熔鞍形连接），不得采用螺纹连接和粘接。管件宜采用同质材料，其压力等级与管材压力等级相同或高一个压力等级。当连接管两个端面壁厚不一样时，应在壁厚较厚

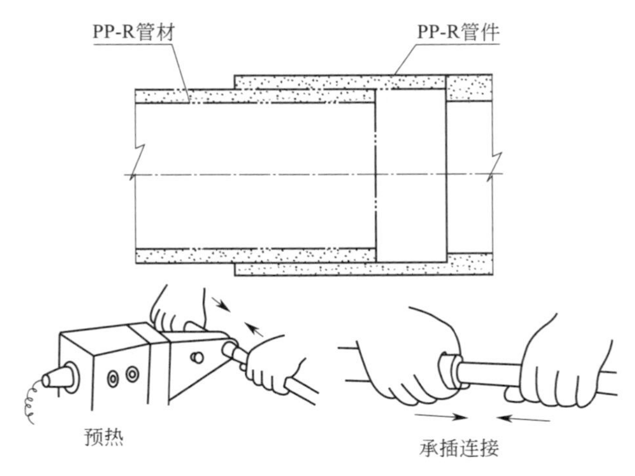

图 3-39　热熔连接示意图

的一端，管内壁倒 45°内角，使两端面壁厚相等。对于直径小于 63 mm 的管材，应采用热熔承插焊接。

（5）铜管的连接方式

铜管的选材及安装应符合标准图集《建筑给水金属管道安装——铜管》03S407-1 的要求。连接方式主要分为机械连接和钎焊连接两大类。机械连接又分卡套式、插接式和卡压式连接。

卡套式和插接式连接方式与 PE-X 管的连接方式原理相同。

卡压式连接方式：需配备专用且规格齐全的卡压工具（卡压钳）将铜管与管件压接成一体。此种连接方法是利用管件凸缘。如图 3-40 所示。

钎焊连接方式指将铜管、铜管件与熔点比铜低的铜磷钎料或系钎料一起加热，在铜管、铜管件不熔化的情况下，加热到钎料融化，然后使融化的钎料填充进承插口的缝隙中，冷却结晶形成钎焊缝，从而实现铜管的连接密封。管路安装后一次定型，不可拆卸维修。如图 3-41 所示。

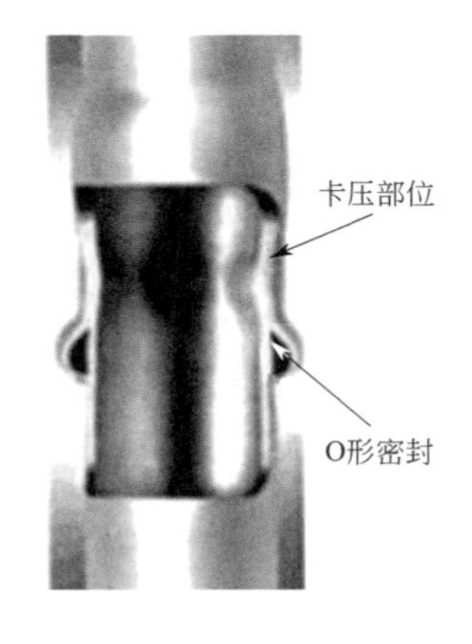

图 3-40　铜管卡压连接方式

图 3-41　铜管钎焊连接方式

（6）薄壁不锈钢管的连接方式

薄壁不锈钢管的选材及安装应符合标准图集《建筑给水金属管道安装——薄壁不锈钢管》03S407-2的要求。卡压式连接、环压式连接、承插氩弧焊式（简称TIG）连接、压缩式连接、活接式连接等均适用于薄壁不锈钢管连接。当管道直径较大时、特殊场所连接时或与机组设备连接时可采用法兰连接或对接氩弧焊式连接、卡箍式法兰连接、沟槽连接、锥螺纹式连接。

薄壁不锈钢管道与其他材质管道或管道附件连接时，应以相对应的螺纹转换接头相匹配；如其他管道为法兰连接时，应以相应的法兰相匹配。

（7）热镀锌钢管的连接方式

热镀锌钢管主要采用螺纹连接。螺纹的规格应符合规范要求，管螺纹的加工采用套丝机套成。丝扣套完后，应清理管口，使管口保持光滑，螺纹断丝、缺丝不得超过螺纹总数的10%。连接应牢固，根部无外露油麻现象，根部外露螺纹不宜多于2～3扣，螺纹外露部分防腐良好。

3. 配合土建预留孔洞和预埋件

管道安装不可能与土建主体结构工程施工同步进行，因此在管道安装前要配合土建进行预留孔洞和预埋件的施工。

管道安装前需要预留的孔洞主要是管道穿墙和穿楼板孔洞及穿墙、穿楼板套管的安装。一般混凝土结构上的预留孔洞，由设计在结构图上给出尺寸大小；其他结构上的孔洞，当设计无规定时应按表3-3的规定预留。

管道预留孔洞尺寸　　表3-3

项次	管道名称		明管 留孔尺寸(长×宽)(mm)	暗管 墙槽尺寸(宽×深)(mm)
1	立管	管径≤25mm	100×100	130×130
		管径32～50mm	150×150	150×130
		管径70～100mm	200×200	200×200
2	两根立管	管径≤32mm	150×100	200×130
3	支管	管径≤25mm	100×100	60×60
		管径32～40mm	150×130	150×100

注：引入管，管顶上部净空一般不小于100mm。

管道安装前的预埋件包括管道支架的预埋件和管道穿过地下室外墙或构筑物的墙壁、楼板处的预埋防水等套管。管道支架的预埋件，其规格、形状、制作和预埋等应按设计或标准图做；预埋防水套管的形式和规格也应由给水排水标准图或设计施工图给出，由施工单位技术人员按工艺标准组织施工。

（1）预留洞作业

1）钢筋混凝土结构中的预留孔洞：当土建绑扎结构钢筋时，依据给定的建筑轴线和标高线（50线），在钢筋上画出孔洞位置线，将预先制作好的模盒（或模管）用钢丝捆绑在钢筋上，经检查和调整位置确认正确和牢固后交土建单位支模。模盒（或管模）内塞入纸团或其他代用物，在浇筑混凝土过程中应有专人看管，以免移位。在外浇内砌和外挂板内模及用大模板施工过程中，有个别无法预留的孔洞，应在大模板拆除后及时用钻机进行钻孔或扩孔。

2）预制墙板楼板上的预留孔洞：一般情况下预制墙板楼板没有预留孔洞，需要在装修或抹灰前进行钻孔成洞，洞径与管外径的间隙不得超过 30mm。用电锤钻孔打洞时，用力要适度，严禁用大锤操作。当遇有混凝土空心楼板肋或钢筋时，必须预先征得有关部门的同意和采取必要的补救措施后方可钻孔。

3）墙上预留孔洞：一般小洞可边砌边留，边留边量尺寸定位，与土建施工人员密切配合；孔洞较大时，要在砌下面几皮砖时将预留洞的左右边线画在墙上，并注明洞顶标高，由土建施工员按此要求砌出孔洞，并在洞顶按规定做好过梁，最好是用钻机成孔。

（2）支架预埋件安装

支架预埋件大多设置在钢筋混凝土的墙、柱和楼板中。当土建施工进行到绑扎钢筋时，安装单位要依据土建单位给定的建筑轴线和标高线（50 线）按设计要求的埋件位置进行预埋件就位安装，校正位置、标高、水平度或垂直度后，用钢丝与附近的钢筋绑牢。当要求支架预埋件有一个面与结构面相平时，在土建单位进行合模前，必须再进行一次预埋件的定位复查，尤其要检查与模板相靠是否符合要求，以免拆模时找不到预埋件。

（3）预埋防水套管的安装

预埋防水套管有刚性防水套管和柔性防水套管两种，应由设计决定，具体做法如图 3-42 和图 3-43 所示。

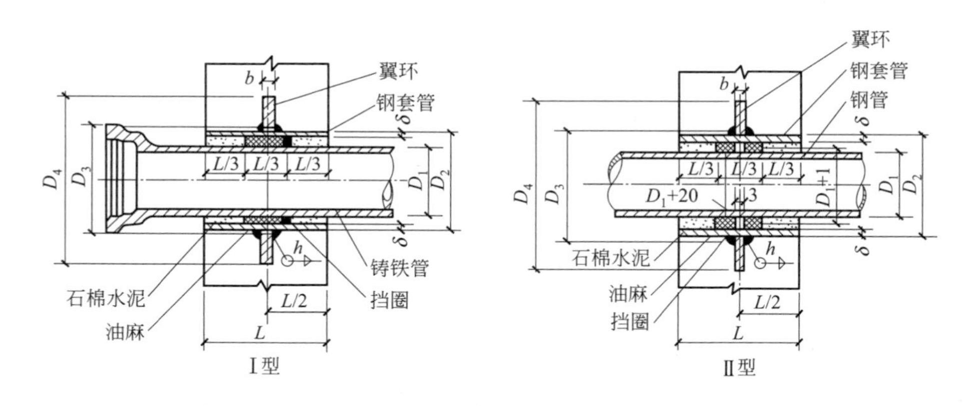

图 3-42　刚性防水套管安装图

注：1. Ⅰ型防水套管适用于铸铁管和非金属管；Ⅱ型防水套管适用于钢管。将翼环直接焊在钢管上。

2. 套管内壁刷防锈漆一道。

3. 套管必须一次浇固于墙内。

4. 套管 L 等于墙厚且不小于 200mm，如遇非混凝土墙应改为混凝土墙，混凝土墙厚小于 200mm，应局部加厚至 200mm，更换或加厚的混凝土墙其直径比翼环直径大 200mm。

5. h 为最小焊件厚度。

预埋防水套管安装前，按照设计选定的套管型号、规格要求进行预制加工，套管内部

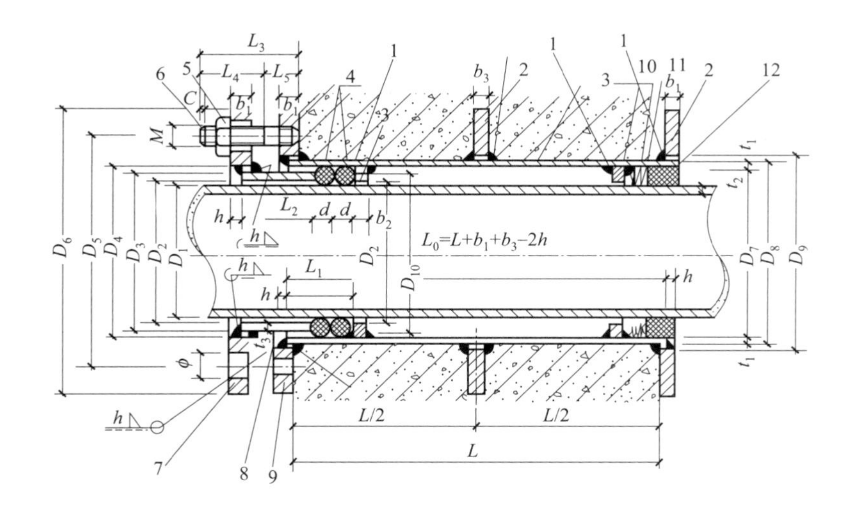

图3-43　柔性防水套管安装

1—套管；2—翼环；3—挡圈；4—橡皮圈；5—螺母；6—双头螺栓；7—法兰盘；8—短管；9—翼盘；10—沥青麻丝；11—牛皮纸层；12—20mm厚油膏嵌缝

注：1. 本图一般适用于管道穿过墙壁处受有振动或有严密防水要求的构筑物。

2. 套管部分加工完成后在其内壁刷防锈漆一道。

3. 套管必须一次浇固于墙内。

4. 套管 L 等于墙厚且不小于300mm；如遇非混凝土墙应改为混凝土墙，混凝土墙厚小于300mm时，更换或加厚的混凝土墙，其直径应比翼环直径 D_6 大200mm。

5. h（焊缝高度）为最小焊件厚度。

刷防锈漆。在土建进行钢筋绑扎时，安装单位人员就要配合进行预埋套管的安装。首先，依据土建给出的建筑轴线和标高线（50线）为套管定位，在钢筋上画出定位线；再将预制好的套管依线定位，用铁丝固定在钢筋上，并用棉纱或纸团将套管两头封塞严实；在土建合模前再作一次复查，核查坐标、标高，合格后方可浇筑。

4. 管道支架的安装

（1）管道支、吊、托架的安装应符合下列规定：

1）位置正确，埋设平整牢固；

2）固定支架与管道接触应紧密，固定应牢靠；

3）滑动支架应灵活，滑托与滑槽两侧间应留有3～5mm的间隙，纵向移动量应符合设计要求；

4）无热伸长管道的吊架、吊杆应垂直安装；

5）有热伸长管道的吊架、吊杆应向热膨胀的饭方向偏移；

6）固定在建筑结构上的管道支、吊架不得影响结构的安全；

7）钢管水平支、吊架间距应符合表3-4的规定，塑料管及复合管垂直或水平安装的支架间距应符合表3-5的规定，采用金属制作的管道支架，应在管道与支架间加衬非金属垫或套管。铜管管道垂直或水平安装的支架间距应符合表3-6的规定。

钢管管道支架的最大间距 **表 3-4**

公称直径(mm)		15	20	25	32	40	50	70	80	100	125	150	200
最大间距(m)	保温管	2	2.5	2.5	2.5	3	3	4	4	4.5	6	7	7
	不保温管	2.5	3	3.5	4	4.5	5	6	6	6.5	7	8	9.5

塑料管及复合管管道支架的最大间距 **表 3-5**

公称直径(mm)			12	14	16	18	20	25	32	40	50	63	75
最大间距(m)	垂直管		0.5	0.6	0.7	0.8	0.9	1.0	1.1	1.3	1.6	1.8	2.0
	水平管	冷水管	0.4	0.4	0.5	0.5	0.6	0.7	0.8	0.9	1.0	1.1	1.2
		热水管	0.2	0.2	0.25	0.3	0.3	0.35	0.4	0.5	0.6	0.7	0.8

铜管管道支架的最大间距 **表 3-6**

公称直径(mm)		15	20	25	32	40	50	65	80	100	125	150	200
最大间距(m)	保温管	1.8	2.4	2.4	3.0	3.0	3.0	3.5	3.5	3.5	3.5	4.0	4.0
	不保温管	1.2	1.8	1.8	2.4	2.4	2.4	3.0	3.0	3.0	3.0	3.5	3.5

(2) 系统的金属管道立管关卡安装应符合下列规定：

1) 楼层高度小于或等于 5m，每层必须安装一个；

2) 楼层高度大于 5m，每层不得少于 2 个；

3) 关卡安装高度距地面应为 1.5～1.8m，2 个以上关卡应均匀安装，同一房间关卡应安装在同一高度。

(3) 支架的安装方法：

1) 墙上有预留孔洞的，可将支架横梁埋入墙内。埋设前应清除洞内的碎砖及灰尘，并用水将洞浇湿。填塞用 M5 水泥砂浆，要填得密实饱满。

2) 钢筋混凝土构件上的支架，可在浇筑时在各支架位置上预埋钢板，然后将支架横梁焊在预埋钢板上。

3) 没有预留孔洞和预埋钢板的砖墙或混凝土构件上，可以用射钉或膨胀螺栓紧固支架。

4) 沿柱敷设的管道，可采用抱柱式支架。

(4) 管道支、吊架的选用：管道支、吊架应根据《管道支架及吊架》S161 的要求进行选用和施工。

5. 管道施工过程的质量控制

(1) 管道穿过不同构筑物时应采取的不同技术措施：

1) 管道穿过地下室或地下构筑物时，应采取防水措施；对有严格防水要求的建筑物，须采用柔性防水套管。

2) 管道穿过结构伸缩缝时，该管段应采用柔性管材（橡胶或金属波纹管）与伸缩缝两侧管道连接。

3) 管道穿过抗震缝时，宜在管道或保温层外皮四周留有不少于 150mm 的净空。

4) 管道穿过建筑物沉降缝时，在管道上皮（含保温层）留有不小于 150mm 的净空。大直径管道在建筑物留洞的上方应酌情设过梁。

（2）管道及设备安装：

1）同一房间内，同类型的卫生器具及管道配件，应分别安装在同一高度上。

2）明装管道成排安装时，无论直线还是弯曲部分都应相互平行。

①成排水平管道上下弯曲时，弯管的曲率半径应一致，且以大管径的曲率半径为准；

②成排水平管道左右弯曲时，外侧的管道弯曲半径要考虑两管道间的距离；

③成排垂直并行的管道上下弯曲时，外侧的弯曲半径应考虑两管间的距离；

（3）管道的弯曲半径：

1）钢制管道：

①热煨应不小于外径的3.5倍；

②冷煨应不小于管道外径的4倍；

③焊接弯头：应不小于管道外径的1.5倍；

④冲压弯头：应不小于管道外径；

⑤煨弯管道椭圆率不得超过10%。

2）塑料管应不小于管道外径的8倍。

3）复合管应不小于管道外径的5倍。

4）煨弯处不应有焊口。

（4）管道连接：

1）管道采用粘接时，管道插入承口的深度不得小于表3-7的规定。

管道插入承口的深度　　**表3-7**

公称直径(mm)	20	25	32	40	50	75	100	125	150
插入深度(mm)	16	19	22	26	31	44	61	69	80

2）熔接的管道，熔接后的结合面应有一均匀的熔接圈，不得出现熔瘤或熔接圈凹凸不平的现象。

3）采用橡胶圈接口的管道，沿曲线铺设时，每个接口的最大偏转角不得超过2°。

4）法兰连接时，垫片不得凸入管内，其外边缘宜与法兰加工面边缘齐，连接法兰的螺栓直径应与法兰螺孔匹配，螺栓长度为螺栓拧紧后丝扣外露2～3扣（或为螺栓直径的1/2）。

（5）管道及管道墩（座）不得铺设在冻土和未处理的松土上。

1）在松土地段敷设管道时，应视土质情况换土或原土分层夯实后再敷设管道。

2）必须在冻土地区敷设管道时，宜采用桩基或柱基架设管道支墩。

（6）管道穿墙和楼板做法：

1）管道穿墙应设套管，套管两端应与墙饰面平，套管管径应比穿墙管道大1～2级，套管与管道间的间隙宜用石棉绳及油膏填实填平，并做到表面光滑。

2）管道穿过楼板应设置金属或塑料套管。盥洗间及厨房套管顶部应高出地板饰面50mm；其他房间套管顶部高出装饰地面20mm。套管底部均与楼板底面相平。套管与管道间的间隙应用油麻和防水油膏填实，其表面应光滑。

3）管道接口不得设在套管内，并应距套管端头有不小于100mm的距离。

4）复合管穿过墙体或楼板时，靠近穿越套管的一端应设固定支撑件将管道固定。

3.6.5 其他附件安装施工

太阳能热水系统管道常用附件主要有阀门、水表、热量表等。

1. 阀门安装

(1) 阀门的设置与选用

1) 管道根据使用和检修要求，在下列管段上应装设阀门：

①水表前及立管上；

②环形管网的分干管、贯通枝状管网的连通管上；

③居住和公共建筑中，从立管接出的配水支管上；

④接至生产设备和其他用水设备的配水支管上。

2) 管道上的阀门，应根据管径大小、接口方式、水流方式和启闭要求，一般按以下规定选用：

①管径不超过 50mm 时，宜采用截止阀（应采用铜质截止阀，不得使用铸铁截止阀）；管径超过 50mm 时，宜采用闸阀或蝶阀；

②在双向流动的管段上，应采用闸阀或蝶阀；

③在经常启闭的管段上，宜采用截止阀；

④不经常启闭而又需快速启闭的阀门，应采用快开阀；

⑤配水点处不宜采用旋塞。

(2) 安装前的准备工作

1) 阀门进场时应进行检验：阀门的型号、规格应符合设计要求；阀体铸造应规矩，表面光滑，无裂纹，开关灵活，关闭严密，手轮完整无损，具有出厂合格证。

2) 阀门安装前，应按照要求作强度和严密性试验。试压不合格的阀门应经研磨修理，重新试压，合格后方可安装使用。试验合格的阀门，应及时排除内部积水，密封面应涂防锈油，关闭阀门，并将两端暂时封闭。

3) 阀门安装前，先将管子内部杂物清除干净，以防止铁屑、砂粒等污物刮伤阀门的密封面。

(3) 安装要求

1) 阀门在安装、搬运过程中，不允许随手抛掷，以免无故损坏阀门，也不得转动手轮，安装前应将阀壳内部清扫干净。

2) 阀杆的安装位置除设计注明外，一般应以便于操作和维修为准。水平管道上的阀门，其阀杆一般安装在上半周范围内。

3) 较重的阀门吊装时，绝不允许将钢丝绳拴在阀杆手轮及其他传动杆件和塞件上，而应拴在阀体的法兰处。

4) 在焊接法兰时，应注意与阀门配合，应检查法兰与阀门的螺孔位置是否一致。焊接时要把法兰的螺孔与阀门的螺孔先对好，然后焊接。安装时应保证两法兰端面相互平行和同心，不得与阀门连接的法兰强力对正。拧紧螺栓时，应对称或十字交叉地进行。

5) 安装截止阀、蝶阀和止回阀时，应注意水流方向与阀体上的箭头方向一致。

6) 安装螺纹连接的阀门时，应保证螺纹完整无缺。拧紧时，必须用扳手咬牢要拧入管子一端的六角体，以确保阀体不被损坏。填料（麻丝、铅油等）应缠涂在管螺纹上，不得缠涂在阀体的螺纹上，以防填料进入阀内引起事故。

2. 水表安装

（1）安装前的准备：

1）检查安装使用的水表型号、规格是否符合设计要求，表壳铸造规矩，无砂眼、裂纹，表玻璃盖无损坏，铅封完整，并具有产品出厂合格证及法定单位检测证明文件。

2）复核已预留的水表连接管段口径、表位、管件及标高等，均应符合设计和安装要求。

3）在施工草图上标出水表、阀门等位置及水表前后直线管段长度，然后按草图测得的尺寸下料编号、配管连接。

（2）管道系统常用的水表为旋翼式水表，其安装安装要点如下：

1）水表安装就位时，应复核水表上标示的箭头方向与水流方向是否一致。

2）旋翼式水表应水平安装；水平螺翼式和容积式水表可根据实际情况确定水平、倾斜或垂直安装，但垂直安装时水流方向必须从下向上。

3）螺翼式水表的前端应有8～10倍水表接管直径的直线管段；其他类型水表前后应有不小于300mm的直线管段，或符合产品标准规定的要求。

4）水表支管除表前后需有直线管段外，其他超出部分管段应进行适当煨弯，使管段沿墙敷设，支管长度大于1.2m时应设管卡固定。

5）组装水表连接处的连接件为铜质零件时，应对钳口加防护软垫或用布包扎，以防损伤铜件。

6）给水管道进行单元或系统试压和冲洗时，应将水表卸下，待试压、冲洗完成后再行复位。

7）水表安装未正式使用前不得启封，以防损伤表罩玻璃。

（3）水表安装质量要求：

1）水表安装的位置、标高应符合设计要求，安装应平整牢固。

2）分户水表外壳边缘距墙面不应大于30mm，也不应小于10mm。

3）水表应安装在便于读数和检修以及不受曝晒、冻结、污染和机械损伤的地方。

4）远传数控水表：表箱安装应平正，距地面高度应符合设计要求；传导线的连接点必须连接牢固，配线管中严禁有接头存在，布线的端头必须甩到分户表位处，与分户表直接连接；远传数控水表表箱的开启和关闭应灵活，并应加锁保护。

旋翼式冷、热水表安装示意图如图3-44所示，其安装尺寸如表3-8所示。

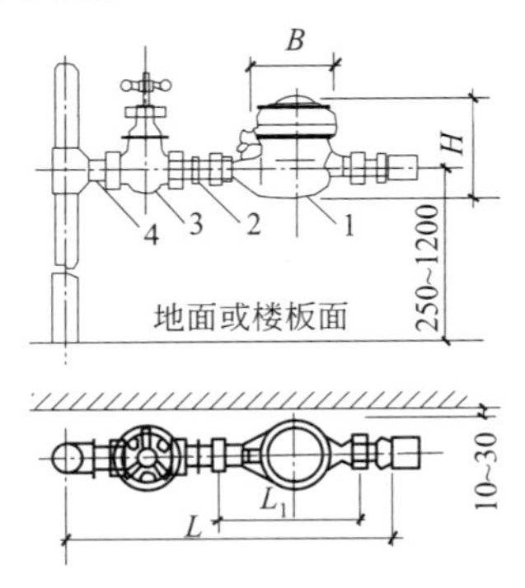

图3-44　冷、热水表安装示意图（$DN15$～$DN40$）

1—水表；2—补芯；3—铜阀；4—短管

3. 热量表安装

（1）热量表的选型

旋翼式冷、热水表安装尺寸表（mm）　　表 3-8

公称口径(DN)	冷水表				热水表			
	B	L_1	L	H	B	L_1	L	H
15	95.6	165	≥470	105.5	95	165	≥470	107
20	95.6	195	≥542	107.5	95	195	≥545	108.5
25	100	225	≥566	116.5	100	225	≥566	115.5
40	120	245	≥653	151	120	245	≥653	150.5

注：1. 水表口径与阀门口径相同时可取消补芯。
2. 装表前须排净管内杂物，以防堵塞。
3. 水表必须水平安装，箭头方向与水流方向一致，并应安装在管理方便，不致冻结、不受污染、不易损坏的地方。
4. 冷水表介质温度＜40℃，热水表介质温度＜100℃，工作压力均为 1.0MPa。

1）流量计的选型：流量计的选型需要考虑到以下因素：

①工作水温。选型时需要求厂商根据工作水温提供适配型号的流量计，一般注明工作温度（即最大持续温度）和峰值温度。通常情况下，住宅供暖水系统温度范围在 20～90℃，温差范围在 0～70℃。这是在选择流量计时必须要注意的。

②管道压力。管道压力应不大于流量计的额定压力。

③设计工作流量和最小流量。在选型流量计口径时，首先应参考管道中的工作流量和最小流量（而不是管道口径）。一般的方式为：使工作流量稍小于流量计的公称流量，并使最小流量大于流量计的最小流量。

④管道口径。根据流量选择的流量计口径与管道口径可能不符，往往流量计口径要小，需要安装缩径，也就需要考虑变径带来的管道压损对热网的影响。一般缩径最好不要过大（最大变径不超过两档）。也要考虑流量计的量程比，如果量程比较大，可以缩径较小或不缩径。

⑤水质情况。管道水质情况主要影响流量计类型的选择，因为不同测量原理的流量计对水质有不同的要求。如电磁式流量计要求水有一定的导电性，超声波式流量计受水中悬浮颗粒的影响，而机械式流量计要求水中杂质少，通常需要配套安装过滤器。

⑥安装要求。流量计选型时要考虑到工作环境、应用场合所提供的安装要求，如环境温度、电磁防护等，还有安装方式：水平或垂直安装；流量计前后直管段是否满足测量需要；外部电源的连接以及管理等。

2）温度传感器的选型：温度传感器的选型主要考虑以下几个方面的因素：

①根据管道口径选取相应的温度传感器。

②根据所需电缆长度确定温度测量方式。

需要特别指出的是，热量表所采用的温度传感器一定要配对使用。

3）积算仪的选型：积算仪的选型要注意流量计的安装位置，根据读表维修是否方便，确定选用流量计与积算仪一体的紧凑型还是选用分体形式；还要注意积算仪的通信功能、通信协议、数据读取方式。

（2）热量表的安装、使用与维护

1）流量计的安装、使用与维护：

①根据流量计选型和要求在正确位置安装流量计；

②根据生产厂家提供的数据，保证前后直管段要求；

③根据生产厂家提供的安装要求采取保护性措施，诸如改善水质、安装过滤器、设置托架等；

④按照流量计的周期维护时间进行精度检测与适当的维修维护，以保证流量计的精确度与可靠性。

2）温度传感器的安装、使用与维护：

①注意在水管上安装温度传感器后，要保证运行时不会有水泄漏出来；

②根据管径的不同，将温度传感器护套安装为垂直或逆流倾斜位置，以保证护套末端处在管道的中央（最准确的温度测量点）。

3）积算仪的安装、使用与维护：

①根据信号形式与厂家要求，正确接线；

②根据流量计的安装位置（进水管还是回水管）匹配参数；

③选择适当的热量单位；

④注意更换电池的周期；

⑤检测测量结果与精度。

3.6.6 管道/支架防腐和保温

1. 一般要求

管路保温应在系统检漏及试运行合格后进行。采用自控温电热带防冻的系统，应先将自控温电热带按制造厂家的要求安装后再作保温。管路如需要在保温后固定，应使用硬质保温材料。系统保温的制作应符合现行国家标准《设备及管道绝热技术通则》GB/T 4272的要求。

2. 室外热水管道的保温与防腐

（1）室外热水管道防腐

1）管道一般防腐做法：

①管道的表面清理：做好防腐必须先要做好管道表面处理，去除表面的浮锈、油脂等杂物。除锈垢的常用方法：

a. 机械除锈：采用管道除锈机或管子清扫机等设备除锈。

b. 人工除锈：若表面浮锈不厚、工作量不大，可用人工方法，用钢丝刷或砂纸擦拭，露出金属本色。

c. 喷砂除锈：选用粒径为1～3mm的石英砂子，经水洗、烘干，放入砂罐。用压缩机进行喷砂除锈。操作时，空压机的压力控制在0.4～0.5MPa之间。经过耐磨胶管将砂子带出，以50°～70°角度喷射管道表面，直至清除管子表面锈垢，露出金属本色，再用棉纱擦拭干净。

②管道涂刷防腐漆：

a. 人工刷漆：根据漆料性质，调好漆料，用软硬适宜的刷子沾漆料刷在管子表面。涂刷时用力均匀，左右拉开，不应有堆积和流淌以及漏刷现象。

b. 喷漆：先调配漆料稠度，人工操作喷漆机的喷头，对着管子表面均匀平稳移动，注意控制喷头的方向、距离和路径，使漆面厚度均匀一致。

当要求涂刷两遍或两遍以上时，要等前一遍漆层干燥后再涂下一遍。

当涂漆时的温度低于5℃时，应采取防冻措施；若遇雨、雾、大风天气，不宜在室外涂刷防腐工作，以免出现脱皮、起皱和起泡现象。

2）室外管道防腐质量要求：

①防腐用的油漆种类、性质应符合设计要求。

②涂刷遍数应满足防腐质量要求，漆膜厚度一致，色泽均匀。

③漆层附着良好，无脱皮、无流淌、无起泡、无起皱等缺陷。

（2）室外热水管道保温

1）材料的选择：室外架空管道绝热层内外温差大，宜采用导热系数小、质轻和便于施工操作的材料，而且它与外保护层共同抵抗风吹雨淋。

2）室外架空热水管道绝热层常用做法有以下几种：

①聚氨酯、玻璃棉、岩棉、橡塑海绵等材质管壳绝热：做法是将保温壳直接扣在管道上，必要时用16号镀锌钢丝固定，外用玻璃钢、镀锌薄钢板等作保护壳。

②其他绝热做法：架空热力管道上的阀门、附件也应进行绝热。常用橡塑海绵、玻璃棉作绝热层，外用镀锌薄钢板作保护壳，或用硬质保温板外包镀锌薄钢板保护壳，如图3-45所示。

3）室外热水管道绝热施工要点：

①绝热材料在运输、储存和施工时，应避免材料受潮。在完工后加以保护，以防淋湿、冻结和损坏。

②管道、附件应在检验合格后再进行绝热层施工。施工时应检查管道表面清洁、干燥情况。

③滑动支架处的绝热要求：混凝土墩上面与保护壳底面，应留有20mm空隙；吊架和托架处，管道在伸缩移动时，不得损坏绝热层；在支托U形槽内应填满绝热材料。

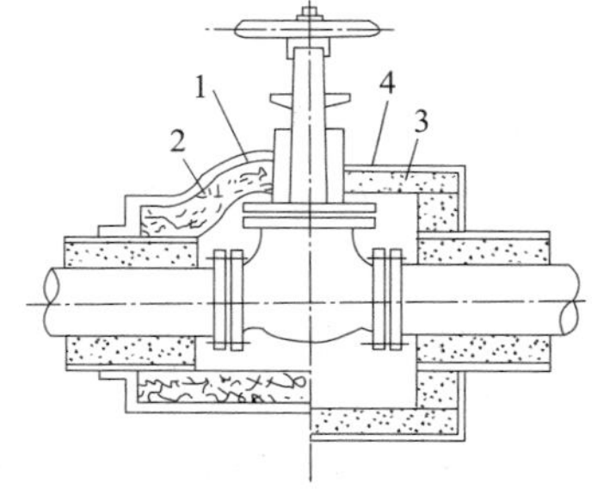

图3-45 阀门的绝热结构

1—固定保护壳；2—玻璃棉；3—绝热板；4—薄钢板保护壳

注：左侧为固定式，右侧为装卸式。

④方形补偿器和管道弯头处绝热层应有伸缩缝，遵照设计和规范要求留缝。

⑤抹保护壳的要求：

a. 保护壳的材料配比要准确，拌和均匀，稠度合宜。

b. 保护层厚度应均匀一致。

c. 保护层应分两层，抹第一层灰浆基本硬化后，再抹第二层。每一次均应压实，最后一层抹光滑。

d. 抹防水砂浆保护壳，应在绝热层干燥后进行。

⑥室外管道绝热做法还可参见下节“室内管道的保温与防腐”的相关内容。

3. 室内管道的保温与防腐

（1）室内热水管道防腐参见上节“室外热水管道防腐”的相关内容。

（2）室内管道保温的基本要求：热水管道保温应在水压试验及防腐工程合格后进行，一般按保温层、防潮层、保护层的顺序施工。如需先做保温，应将管道的接口及焊缝处留出，待水压试验合格后再进行防腐处理。施工前，管道外表面应保持干净。

（3）常用保温材料：热水管道常用的保温材料有岩棉、超细玻璃棉和橡塑海绵等。

（4）管道缠包法保温常用施工方法：

1）缠包法保温是将保温材料制成带、管或毡状，直接缠包在管道上。常用材料有玻璃棉毡、岩棉毡、矿棉毡和橡塑海绵等。

2）先将保温棉毡按管道外圆周长加搭接长度剪成条块，缠包在相应管径的管道上。缠包时应将棉毡压紧，如一层毡厚达不到设计要求的保温厚度，可缠两层或三层。缠包时应使棉毡的横向接缝结合紧密，若有缝隙应用保温棉塞严。其纵向接缝应在管道的顶部，搭接宽度为50～100mm。

3）棉毡外面用1.0mm的镀锌钢丝包扎，间距为150～200mm。

4）缠包法保温时保护层的做法有油毡玻璃丝布保护层、金属保护层、铝箔、玻璃丝布刷油漆等。

5）用橡塑海绵保温时，先按管径和保温厚度选好橡塑海绵管，用利刀将其从纵向切开，在管道表面涂刷801胶，随即把橡塑海绵管从切缝处掰开，套在涂上胶的管道上，用手压橡塑海绵管，使其与管道相粘；在为下一段管道刷胶时，也将上一段橡胶海绵管的端部刷上胶；套下一段橡塑海绵管时，应使两段橡塑海绵管相粘。

橡塑海绵管的柔性好，可随管弯曲，不需另加保温部件，也不需要做伸缩缝；橡塑海绵的表面光滑，保护层可采用金属保护层、铝箔、玻璃丝布刷油漆等方法。

3.7 控制系统安装

3.7.1 控制系统施工工艺要求

控制系统施工中要严格遵照国家、行业和地方有关智能建筑工程质量验收规范的要求，目前有关的规范如下：

《电气装置安装工程 接地装置施工及验收规范》GB 50169—2016；

《电气装置安装工程 低压电器施工及验收规范》GB 50254—2014；

《建筑工程施工质量验收统一标准》GB 50300—2013；

《建筑电气工程施工质量验收规范》GB 50303—2015；

《智能建筑工程质量验收规范》GB 50339—2013。

施工中按“预埋、预留”“先暗后明”“先主体后设备”的原则，具体实施按以下顺序进行：装修内隐蔽的管预埋、盒预埋→桥架、明配管支吊架制作安装→桥架、明配管安装→设备支吊架制作安装→线路敷设→设备安装→校接线→单体调试→系统调试→试运行→运行、竣工验收。

1. 主要施工项目和方法

（1）配管施工

施工前，应根据施工图按线路短、弯曲少的原则确定线路，测量定位。暗配管、盒、铁件在现有工作面上剔槽安装，管路保护层不小于15mm。管弯曲时应注意曲率半径符合规范要求。当配管超过以下长度时，其中间应加接线盒：

1）没有弯曲管长超过30m；

2）一个弯曲管长超过 20m；

3）两个弯曲管长超过 12m；

4）三个弯曲管长超过 8m。

明配管的支架间距不大于 2m，间距均匀，距盒间距一般不大于 200mm。配管采用 KGB 扣压式薄壁镀锌管。

（2）桥架施工

按设计要求定位划线，确定桥架走向，固定桥架支架。支架间距自桥架末端和拐弯点 500mm，间距在 1.5～2m 间平均分配。接地必须符合设计及规范要求，桥架连接处内外均须有连接片，螺栓丝头端朝外，桥架与支架固定。桥架不变形，盖扣齐全完好，弯曲处符合线路敷设要求。

（3）线路敷设

管内、桥架内线路敷设除执行现有的规范外，还应就其特点注意以下几个方面：

1）牵引时拉力的大小；

2）不能有硬弯、死结；

3）线缆、光纤的弯曲半径；

4）不同频率、电压线路间避免干扰；

5）线缆的预留长度要适宜；

6）做好敷设完线路的成品保护；

7）因线路不允许做接头，布放前必须测量单根长度合理使用原材料，避免浪费。

（4）设备安装

管理间设备，在土建湿作业及内粉刷作业完工，门窗安装完的情况下开始安装。机柜安装执行开关箱安装的有关标准，内部安装接线必须符合设计及规范要求，符合工业标准和行业标准。安装完的设备必须做好成品保护。

（5）调试准备及调试

校对好所敷线缆的规格型号、路由路径、位置、编好线路端头号码，按设计要求连接好，再进行系统线路的测试，最后进行调试。即：校线→接线→线路连接测试→单体调试→系统调试。

2. 施工中要注意的问题

（1）220V 交流电源线与信号线、控制电缆应分槽、分管敷设。

（2）计算机、现场控制器、输入/输出控制模块、网络控制器、网关和路由器等电子设备的保护接地应连接在弱电系统单独的接地线上，应防止混接在强电接地干线上。

（3）屏蔽电缆的屏蔽层必须一点接地。

（4）特殊设备安装施工应注意遵照生产制造厂家的技术要求。

（5）输入装置安装施工要点：

1）安装位置应选在能正确反映其性能的和便于调试和维护的地方，不同类型的变送器应按设计和产品的技术要求和现场的实际情况确定其位置；

2）水管温度变送器、水管压力变送器、蒸汽压力变送器、水管流量计、水流开关不宜在管道焊缝及其边缘上开孔焊接；

3）水管温度变送器、水管压力变送器、蒸汽压力变送器、水流开关的安装应在工艺管道安装时同时进行。

（6）输出装置安装施工要点：

1）电动阀门执行器的指示箭头应与电动阀门的开闭和水流方向一致；

2）安装前宜进行模拟动作；

3）电动阀的口径与水管口径不一致时，应采用渐缩管件，但阀门口径一般不应低于管道口径两个档次，并应经计算确定满足设计要求；

4）电动调节阀和电磁阀一般应安装在回水管道上。

3.7.2 控制系统主要输入装置

1. 水管温度变送器的安装

（1）水管温度变送器应在工艺管道预制与安装时同时进行。

（2）水管温度变送器的开孔与焊接工作，必须在工艺管道的防腐、管内清扫和压力试验前进行。

（3）水管温度变送器的安装位置应在介质温度变化灵敏和具有代表性的地方。

（4）水管温度变送器不宜选择在阀门、流量计等阻力件附近，应避开水流流速死角和振动较大的位置。

（5）水管温度变送器的感温段大于管道口径的1/2时，可安装在管道的顶部；感温段小于管道口径的1/2时，应安装在管道的侧面或底部。

（6）水管温度变送器不宜安装在焊缝及其边缘上，也不宜在变送器边缘开孔和焊接。

（7）接线盒进线处应密封，避免进水或潮汽侵入，以免损坏变送器电路。

（8）管路敷设可选用ϕ20mm穿线管，并用金属软管与水管温度变送器连接。

（9）在水系统需注水而变送器安装滞后时，应将变送器套管先安装于水管上。安装变送器时，将变送器插入充满导温介质的套管中。

水管温度变送器安装示意如图3-46所示。图3-46（a）为大于管道5in（1in＝0.0254m）时的安装方式，图3-46(b)为小于5in时的安装方式。

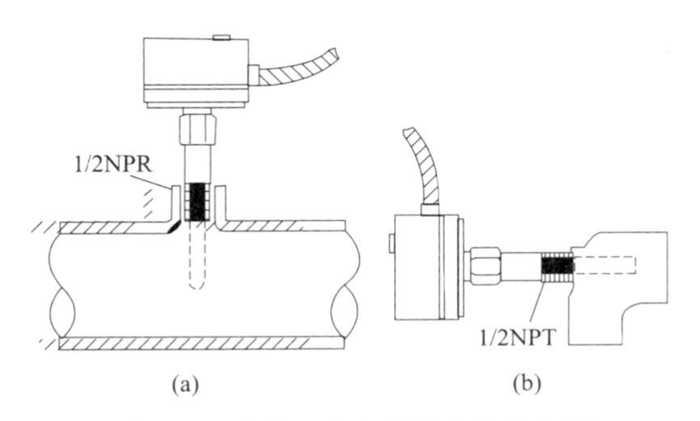

图3-46 水管温度变送器安装示意图

2. 压力和压差变送器的安装

压力、压差变送器的安装正确与否，将直接影响到测量的准确性和变送器的使用寿命。

（1）压力测点的选择

1）选择压力测点（取样口）位置的原则是：对于液体，测点应在工艺管道的下部。

2）压力测点应选择在管道或风道的直管段上，不应设在有涡流或流动死角的地方，应避开各种局部阻力，如阀门、弯头、分叉管和其他突出物（如温度变送器套管等）。测量容器内介质的压力时，压力测点应选择在容器内介质平稳而无涡流的地方。

（2）压力取样口

1）在被测管壁上沿径向钻一小孔，即取样口，如图 3-47 所示。为避免介质流束在取压口处引起较大的扰动，在加工方便和不堵塞的情况下，孔尽可能小些。但在压力波动大且频繁、对动态特性要求高时，取压口直径应适当加大。当被测介质流速较大时，孔径应取得较小。

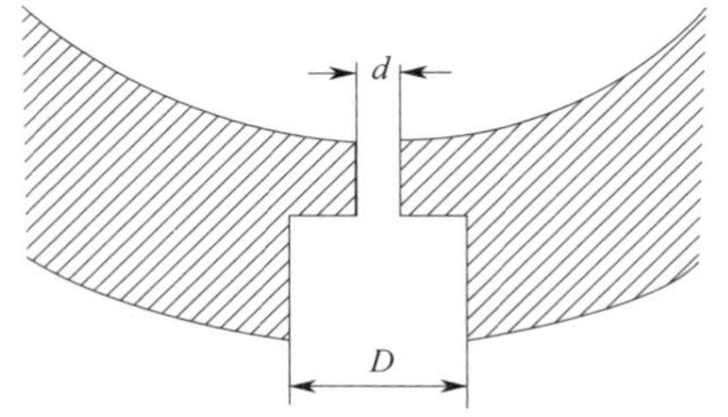

图 3-47　压力变送器取样口示意图

2）取压孔轴线应与介质流速方向垂直，孔口应为直角，否则将会引起静压测量误差。

3）取压口表面不应有凸出物和毛刺，这对保证较低压力的测量准确性尤为重要。

（3）引压导管

1）为了使测量有较好的动态特性，同时避免导管过长引起的其他麻烦，引压导管一般不要超过 60m。为了防止高温介质进入仪表，引压导管也不能过短。测量蒸气压力时，一般导管应长于 3m。

2）引压导管应设在无剧烈振动及不易受到机械碰撞的地方，导管不应有急转弯，水平方向应有一定坡度，以防管内积气或积液。导管的周围环境温度应在 5～50℃范围内，否则应采取防冻或隔热措施。

3）引压导管上部应装有隔离阀，测量液体或蒸汽时在最高处应有排气装置。

4）测量低压或负压时，引压管路必须进行严密性试验。

（4）压力、压差变送器

1）压力、压差变送器应安装在温、湿度变送器的上游侧。

2）压力、压差变送器应安装在便于调试、维修的位置。

3）水管压力、压差变送器的安装应在工艺管道预制和安装的同时进行，其开孔和焊接工作必须在工艺管道的防腐、清扫和压力试验前进行。

4）水管压力、压差变送器不宜安装在管道焊缝及其边缘上，水管压力、压差变送器安装后，不应在其边缘开孔和焊接。

5）水管压力、压差变送器的直压段大于管道直径的 2/3 时可安装在管道的顶部，小于管道口径 2/3 时可安装在侧面或底部和水流流束稳定的位置，不宜选在阀门等阻力部件的附近、水流流束的死角和振动较大的位置。

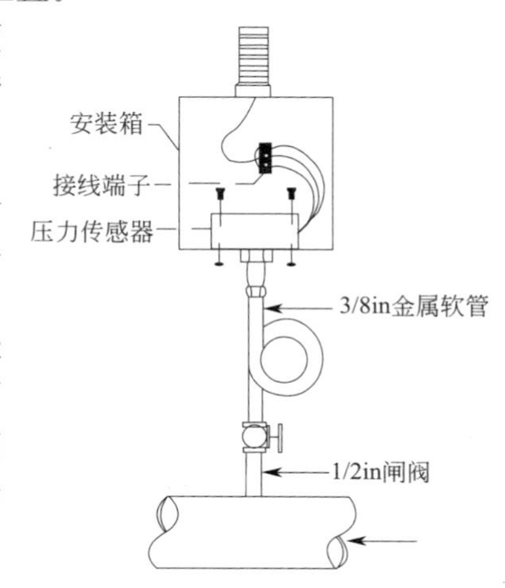

图 3-48　水管压力变送器安装示意图

水管压力变送器安装示意如图 3-48 所示。被测介质必须经过带缓冲环的引压管进入变送器，变送器进压口和闸阀等连接处必须用石棉垫紧固密封，不得泄漏，禁止仅用麻丝或聚四氟乙烯带靠螺纹密封，管路敷设可选用 ϕ20mm 穿线管，并用金属软管与压力变送器连接。

3. 流量计

在太阳能热水控制系统中，需要测量各种介质（防冻液、水等）的流量和计算介质总量，以达到控制、管理和节能的目的。流量测量是过程控制和经济核算的重要参数。流量测量的方法很多，其测量原理和所应用的传感器结构各不相同，在供热控制系统中使用较多的是涡街流量计、电磁流量计、差压式流量计、涡轮流量计及超声波流量计等。

3.7.3　控制系统主要输出装置

1. 电磁阀安装要点

(1) 电磁阀阀体上的箭头指向应与水流和气流的方向一致。

(2) 电磁阀的口径与管道通径不一致时，应采用渐缩管件，同时电磁阀口径一般不应低于管道口径两个等级。

(3) 有阀位指示装置的电动阀，阀位指示装置应面向便于观察的位置。

(4) 电磁阀安装前应按照使用说明书检查线圈与阀体间的电阻。

(5) 如条件许可，电磁阀在安装前宜进行模拟动作和试压试验。

(6) 电磁阀一般安装在回水管路上。

2. 电动阀安装要点

(1) 电动阀阀体上的箭头指向应与水流和气流方向一致。

(2) 电动阀的口径与管道通径不一致时，应采用渐缩管件；同时电动阀口径一般不低于管道口径两个等级并满足设计要求。

(3) 电动阀执行机构应固定牢固，手动操作机构应处于便于操作的位置。

(4) 电动阀应垂直安装于水平管道上，尤其是大口径电动阀不能有倾斜。

(5) 有阀位指示装置的电动阀，阀位指示装置应面向便于观察的位置。

(6) 安装于室外的电动阀应适当加防晒、防雨措施。

(7) 电动阀在安装前宜进行模拟动作和试压试验。

(8) 电动阀一般安装在回水管道上。

(9) 电动阀在管道冲洗前应完全打开，以便清除污物。

(10) 检查电动阀门的驱动器，其行程、压力和最大关紧力（关阀的压力）必须满足设计和产品说明书的要求。

(11) 检查电动阀的型号、材质必须符合设计要求，其阀体强度、阀芯泄漏经试验必须满足设计文件和产品说明书的有关规定。

(12) 电动调节阀安装时，应避免给调节阀带来附加压力，当调节阀安装在管道较长的地方时，应安装支架和采取避振措施。

(13) 检查电动调节阀的输入电压、输出信号和接线方式，应符合产品说明书的要求。

(14) 将电动执行器和调节阀进行组装时，应保证执行器的行程和阀的行程大小一致。

3.8 系统调试与验收

3.8.1 系统调试

系统安装完成投入使用前，必须进行系统调试。系统调试应先进行设备单机或部件试运转调试，后进行系统联动试运转调试。设备单机或部件试运转调试包括水泵、阀门、电磁阀、电气及自动控制设备、监控显示设备、辅助加热设备等。系统联动试运转调试主要是指按照实际运行工况进行系统试运行和调试。

1. 设备单机或部件试运转调试

（1）检查水泵安装方向是否正确。在设计负荷下水泵连续运转不小于2h，无异常振动和声响，各密封处不得泄漏，紧固连接部位不应松动。电机电流和功率不超过额定值，温度在正常范围内。

（2）检查电磁阀安装方向是否正确。手动通断电试验时，电磁阀应开启正常，动作灵敏，密封严实。

（3）检查电气装置接线是否正确。检查其断流容量、过压、欠压、过流保护等整定值是否符合规定。

（4）温度、温差、水位、流量、时钟控制等显示控制仪器、仪表应动作灵敏、显示准确。

（5）各种安全保护装置、自动控制装置动作灵敏、工作可靠。

（6）各种阀门启闭灵活，关闭严密。

（7）各种辅助加热设备工作正常、稳定，符合设计要求。

2. 系统联动试运转调试

（1）调整水泵控制阀门，使系统循环处在设计要求的流量和扬程。

（2）调整电磁阀控制阀门，使电磁阀的阀前、阀后压力处在设计要求的压力范围内。

（3）将温度、温差、水位、光照、时间等控制仪的控制区间或控制点调整到设计要求的范围或数值。

（4）调整各个分支回路的调节阀门，使各回路流量平衡。

（5）调试辅助加热系统，使其与太阳能加热系统相匹配。

（6）调整其他应该进行的调节调试。

（7）系统联动试运转调试完成后，系统应连续运行3d，设备及主要部件的联动必须协调，动作正确，无异常现象，符合设计要求后为合格。

3.8.2 太阳能热水系统验收

1. 一般规定

太阳能热水系统工程验收应根据其施工安装特点进行分项工程验收和竣工验收。

太阳能热水系统工程验收前，应在安装施工中完成下列隐蔽项目的现场验收：

（1）预埋件或后置螺栓连接件；

（2）基座、支架、集热器四周与主体结构的连接节点；

（3）基座、支架、集热器四周与主体结构之间的封堵；

（4）系统的防雷、接地连接节点。

太阳能热水系统工程验收前，应将工程现场清理干净；分项工程验收应由总监理工程师（或建设单位项目技术负责人）组织施工单位项目专业技术（质量）负责人等进行；太阳能热水系统完工后，施工单位应自行组织有关人员进行检验评定，并向建设单位提交竣工验收申请报告；建设单位收到工程竣工验收报告后，应有建设单位（项目）负责人组织设计、施工、监理等单位（项目）负责人联合进行竣工验收。所有验收应做好记录，签署文件，立卷归档。

2. 分项工程验收

分项工程验收宜根据工程施工特点分期进行。

对于影响工程安全和系统性能的工序，必须在本工序验收合格后才能进入下一道工序的施工，这些工序包括以下部分：

（1）在屋面太阳能热水系统施工前，进行屋面防水工程的验收；

（2）在储热水箱就位前，进行储热水箱承重和固定基座的验收；

（3）在太阳能集热器支架就位前，进行支架承重和固定基座的验收；

（4）在建筑管道井封口前，进行预留管路的验收；

（5）太阳能热水系统电气预留线路的验收；

（6）在储热水箱进行保温前，进行储热水箱检漏的验收；

（7）在系统管路保温前，进行管路水压试验；

（8）在隐蔽工程隐蔽前，进行施工质量验收；

（9）从太阳能热水系统取出的热水应符合现行行业标准《城市供水水质标准》CJ/T 206的规定；

（10）系统调试合格后，应进行性能检验。

3. 竣工验收

工程移交用户前，应进行竣工验收。竣工验收应在分项工程验收或检验合格后进行。竣工验收应提交下列资料：

（1）设计变更证明文件和竣工图；

（2）主要材料、设备、成品、半成品、仪表的出厂合格证明或检验资料；

（3）屋面防水检漏记录；

（4）隐蔽工程验收记录和中间验收记录；

（5）系统水压试验记录；

（6）系统水质检验记录；

（7）系统调试和试运行记录；

（8）系统热性能检验记录；

（9）工程使用维护说明书。

第4章　高层住宅建筑太阳能热水系统运行管理

4.1　价格及费用管理

太阳能热水系统的运行管理单位应合理确定热水的收费标准，以保证顺利回收初投资费用，保障系统后期运行维护费用，确保太阳能热水系统持续高效运行。

4.1.1　高层住宅建筑太阳能热水系统成本

高层住宅建筑太阳能热水系统成本包括固定费用和变动费用，固定费用包括系统初投资费用、日常维护费用、系统运行电费、水费、系统运行管理费等；变动费用是指随着系统设计、辅助热源形式、管网布置的不同，费用有所增减的项目，主要指系统运行的辅助热能消耗费用。

1. 系统初投资费用

产权人承担初投资时，系统初投资费用不应计入太阳能热水系统建设成本中。

既有建筑产权人未承担初投资时，鼓励采用能源合同管理模式。太阳能热水系统投资及共用部分运行维护、更新费用及运行费用都由能源合同公司承担。太阳能热水系统的户内设施部分运行维护与更新费用由业主负责。能源合同公司负责太阳能热水系统的运行与维护，并应根据实际分析计算和相关规范制度要求公开热水的成本及计算依据，以确保用户的权益及太阳能热水系统的最佳效益。

2. 系统日常维护费用

系统日常维护费用是指对太阳能热水系统的集热系统、集中辅助热源系统、输送管网系统等公共设施设备部分的日常维护费用，不含产权人所有的户内设施等部分的维护费用。太阳能热水系统设备维保单位应对设备维护各项费用价格明确公示。设备保修期内免费维修更换，保修期后的系统寿命期内，按明码标价收费。

以某居民小区集中供应生活热水系统为例，其户内设备、管道的年折旧率为4%，维修费为折旧费的30%；户外设备、管道的年折旧率为6%，维修费为折旧费的30%。太阳能集中热水系统折合到每吨热水的维护成本参考范围为0.5～1.5元/t。

3. 系统运行电费、水费

系统运行电费为太阳能热水系统中水泵等动力设备的输配电力消耗费用，该费用的多少与动力设备的功率及运行时间有关。由于系统输配动力费用占热水价格的比重较小，该项费用可按常数（固定费用）计，参考范围为0.5～1.0元/t。

水费根据当地民用自来水相关价格政策执行。对于集中—分散式系统，住户用水为自家自来水，水费不应包含在系统成本中。

4. 系统运行管理费用

系统运行管理费用指太阳能热水系统运行服务单位支付的维护管理人员工资及其他管理费用等。太阳能热水系统正常状况下自动运转，维护人员只需按期巡视检查即可，设备发生故障后，及时联系设备供应商维修处理。以北京市为例，根据北京市技术人员的工薪标准，每吨热水承担运行管理费用参考范围为1.0～1.5元/t。

5. 变动费用

变动费用主要是指在太阳能热水系统运行中，为弥补太阳能加热的不足，确保稳定持续提供生活热水而利用市政热力、燃气、电、热泵等能源辅助加热消耗的能源费用。太阳能集中供热水成本计算时，变动费用可参照下式进行计算：

$$Y_2=\frac{Qf}{(1-\eta_L)p}$$

式中 f——太阳能热水系统的太阳能保证率，取设计值，一般为50%；

η_L——太阳能热水系统水箱和管网热损失率，取15%；

p——各类能源应用于太阳能热水系统辅助加热的热价，元/MJ，取值可参考表4-1；

Q——把1t自来水从10℃升温到60℃所需要的理论耗热量，取209.35MJ。

不同辅助加热设备的辅热费用 **表4-1**

能源类型	热值	能源价格	能源效率	能源热价	辅助热源费用
燃气	35.53MJ/Nm^3	2.63元/Nm^3	85%	0.087元/MJ	9.11元/t
空气源热泵	3.6MJ/kWh	0.4883元/kWh	300%	0.045元/MJ	4.71元/t
电锅炉	3.6MJ/kWh	0.4883元/kWh	95%	0.143元/MJ	14.97元/t

4.1.2 热水计量内容与方式

1. 集中式系统

住宅建筑太阳能集中式热水系统需要计量的内容包括辅助能源的能耗计量和用户热水消耗量。辅助能源的能耗量应在辅助能源接入处设置计量表进行计量，热水消耗量可在用户太阳能热水系统管道接入处安装水表计量，可采用人工查表、数值远传和智能IC卡等方式。

2. 集中—分散式系统

集中—分散式系统的辅助能源分散设置，无需计量。热水消耗量计量方式和集中式系统一致，不同的是，集中—分散式系统计量热水量只对热量收费，不对水量收费。

4.1.3 收费方式

1. 收费模式

住宅建筑太阳能集中热水系统收费模式有：（1）全预缴方式：固定费用按户均预缴，

变动费用部分采用智能水表，先购买再使用；（2）固定费用预缴方式：固定费用按户均预缴，变动费用根据每月使用情况缴纳；（3）无预缴方式：固定费用和变动费用均根据使用情况缴纳，也可考虑综合在物业费中由物业公司收取。

住宅建筑太阳能集中—分散式热水系统热水收费模式可综合在物业费中由物业公司收取。

2. 收费方式及实施

太阳能热水系统定价应由业主与系统运行服务单位协商确定，并写入服务合同。价格的制定或调整，应由太阳能热水系统运行服务单位与业主根据当地能源价格、水价、人员费用、系统的维护费用等，并结合项目太阳能保证率设计值和实测值进行协商，确定收费标准，商定收费模式和热水价格调整方式，并在相关协议上进行约定。太阳能热水系统运行服务单位应遵循公开、公平和诚信的原则，公开热水价格、收费制度，并接受业主的监督。

太阳能热水系统中，集中集热、集中辅助热源等系统的设施设备为业主共有部分，需业主共同决定委托物业服务企业或节能服务公司负责运行维护管理，应设专人负责，对运行管理等相关人员进行定期培训，应持证上岗，向相关人员发放太阳能热水系统运行使用手册，建立太阳能热水系统定期检查、维护机制。同时，建议相关政府部门或行业协会建立太阳能热水系统运行数据监测中心，国家按产能量等补贴鼓励使用新能源和节约能源使用。分散式热水系统可以不设专门的运行管理，遇到问题时业主可直接联系产品生产企业。

4.2 监测及控制

可采用现场控制与云端监控相结合的方式实现太阳能热水系统的监测与控制。现场应安装控制柜、温度计、水表、电表、热量表、压力表等数据采集设备，并将数据传输到云端进行汇总、分析。

大数据、云计算、物联互联、人工智能等以信息技术为主导的新科技在太阳能热水系统中也得到了发展和应用。如天普新能源科技有限公司开发的智慧低碳能源管理平台（图 4-1），是集在线管理、实时监测、故障预警、节能统计、远程协作、信息处理等功能于一体的能源项目管理平台，可以对全国各地的工程进行在线监控。方便用户对项目进行维护管理及数据统计分析，通过远程协助减少费用开支，实现对项目高效便捷、信息智能化的管理方法。

对于具体的项目，智慧低碳能源管理平台主要功能包括项目在线实时监控、在线故障预警、项目远程控制、运行数据统计分析、节能效果分析、在线专业技术服务、系统优化建议、专业运行维护保障等（图 4-2）。通过实时监测系统运行状况，可以优化控制参数，提高系统效率；通过运行数据统计分析，可精确了解近几年减排量的变化趋势，为后续项目规划提供真实的数据支撑。智慧低碳能源管理平台自动在线监测管理接入平台系统的项目，统计显示项目的总数、正常运行的项目数量及信息、服务即将到期的项目数量及信息以及统计分析在线项目的节能减排以及实现的社会效益，可为平台管理者提供大量的参考信息（图 4-2）。

图 4-1　智慧低碳能源管理平台

图 4-2　智慧低碳能源管理平台项目案例

4.3　日常运行维护

4.3.1　太阳能集热系统的日常运行维护

为避免太阳能集热器发生损坏，太阳能集热系统日常运行中应避免发生长期空晒或闷晒、液态工质冻结等现象。

太阳能集热系统日常维护应包含以下内容：

（1）定期清扫或冲洗集热器表面的灰尘；

（2）定期除去真空管中的水垢；

（3）定期检查集热器不被损坏，并应避免硬物冲击；

（4）定期检查集热器泄漏情况，并应避免漏水（漏液）现象发生；

（5）如果发生空晒现象，不应立即上冷水（或注液），应在集热器冷却降温后进行补水或注液。

4.3.2 太阳能储热系统的日常运行与维护

（1）应定期检查储热水箱的密封性，发现破损时，应及时修补；

（2）应定期检查储热水箱的保温层，发现破损时，应及时修补；

（3）应定期检查储热水箱的补水阀门、安全阀、液位控制器和排气装置，确保正常工作，并应防止空气进入系统；

（4）应定期检查是否有异物进入储热水箱，防止循环管道被堵塞；

（5）应定期清除储热水箱内的水垢；

（6）应定期检查水处理设备是否正常运行，并进行药物补充；

（7）应定期检查冷水压力，保证冷水补水压力在允许范围之内。

4.3.3 管路系统的运行与维护

1. 管道的日常维护

管道的日常维护应满足以下要求：

（1）管道保温层和表面防护层不应破损或脱落；

（2）管道内应没有空气，防止热水因为气堵而无法输送到各个配水点；

（3）系统管道应通畅并应定期冲洗整个系统。

2. 阀门日常维护

阀门的日常维护应满足以下要求：

（1）阀门应清洁；

（2）螺杆与螺母不应磨损；

（3）被动动作的阀门应定期转动手轮或手柄，防止阀门生锈咬死；

（4）自动动作的阀门应经常检查，确保其正常工作；

（5）电力驱动的阀门，除阀体的维护保养外，应特别加强对电控元器件和线路的维护保养；

（6）应定期清理过滤器，防止污垢堵塞；

（7）应定期检查排气阀、安全阀，确保正常排气、泄压；

（8）不应站在阀门上操作或维修。

3. 管路系统支撑构件的运行维护

管路系统支撑构件的日常运行维护包括支吊架和管箍等运行中出现断裂、变形、松动、脱落或锈蚀，应采取更换、补加、重新加固、补刷油漆等相应的措施。

4. 水泵的运行维护

水泵的运行应符合下列规定：

（1）启动前应做好准备工作，轴承的润滑油应充足、良好，水泵及电机应固定良好，水泵及进水管部分应全部充满水；

（2）应做好启动检查工作，轴承的旋转方向应正确，轴承的转动应灵活；

（3）应做好运行检查工作，电机不能有过高的温升，轴承温度不得超过周围环境温度35～40℃，轴封处、管接头均应无漏水现象，并应无异常噪声、振动、松动和异味，压力表指示应正常且稳定，无剧烈抖动。

水泵的维护保养应符合下列规定：

（1）当发现漏水时，应压紧或更换油封。

（2）每年应对水泵进行一次解体检修，内容包括清洗和检查。清洗应刮去叶轮内表面的水垢，并应清洗泵壳的内表面以及轴承。在清洗同时，对叶轮、密封环、轴承、填料等部件进行检查，以便确定是否需要修理或更换。

（3）每年应对没有进行保温处理的水泵泵体表面进行一次除锈刷漆作业。

4.3.4　控制系统的运行与维护

1. 控制系统的安装运行

控制系统的安装运行应符合下列规定：

（1）交流电源进线端接线应正确；

（2）应检查水位探头和温度探头，并应做好探头外部的防水；

（3）控制柜（仪表）安放位置应符合国家现行相关标准的规定；

（4）控制柜周围应通风良好，以便于控制柜中元器件更好的散热；

（5）控制柜不应与磁性物体接触；

（6）安装现场应为控制柜提供独立的电源隔离开关；

（7）在强干扰场合，控制柜应接地且不应接近干扰源；

（8）现场布线，强弱电应分开；

（9）暂不使用的控制柜，储存时应放置于无尘垢、干燥的地方，环境温度应为0～40℃。

2. 温度传感器的运行维护

温度传感器的运行维护应符合下列规定：

（1）热电阻不应受到强烈的外部冲击；

（2）热电阻套管应密封良好；

（3）热电阻引出线与传感器连接线的连接不应松动、腐蚀。

3. 控制系统的维护

控制系统的日常维护应符合下列规定：

（1）控制系统中的仪表指（显）示应正确，其误差应控制在允许范围内；

（2）控制系统执行元件的运行应正确；

（3）控制系统的供电电源应合适；

（4）控制系统应正确输入设定值。

4. 执行器的维护

执行器的维护应符合下列规定：

（1）执行器外壳不应破损，且与之相连的连接不应损坏、老化，连接点不应有松动、腐蚀，执行器与阀门、阀芯连接的连杆不应腐蚀、弯曲；

（2）执行器的环境温度应正常。

4.3.5 辅助能源系统的运行与维护

1. 辅助电加热的运行

辅助电加热的运行应符合下列规定：

（1）容器内水位应高于电加热器，防干烧保护应正常工作；

（2）电加热器不应有水垢；

（3）所有阀门的开闭状态应正确，安全阀应正常工作。

2. 辅助电加热的维护

辅助电加热的维护应符合下列规定：

（1）电加热器元件不应有劳损情况；

（2）电加热器外表不应有结垢或淤积情况；

（3）安全阀应能正常工作。

3. 辅助空气源热泵的运行

辅助空气源热泵的运行应符合下列规定：

（1）热泵的压缩机和风机应工作正常，机组出风口必须保证无堵塞物；

（2）配线配管应保证接线正确，接地线应保证可靠连接，应保证电源电压与机组额定电压相匹配，检查线控器，应保证各功能键正常，剩余电流保护器应保证有效动作；

（3）进出口止回阀及安全阀，应保证安装正确。

4. 辅助空气源热泵的维护

辅助空气源热泵的维护应符合下列规定：

（1）应定期清理水垢；

（2）制冷剂内不应有水分；

（3）应定期检查压缩机绕组电阻，并应防止含有酸性物质烧毁电机绕组；

（4）应定期对水路和阀门等管阀件进行维护保养，并应保证无泄漏。

5. 辅助锅炉的运行

辅助锅炉的运行应符合下列规定：

（1）应检查锅炉本体，保证无严重变形，锅炉外表面应无严重变形，人孔、手孔应无泄漏，炉膛、炉壁的保温层必须保证保温效果良好；

（2）管路、阀件，不应有漏水、漏气现象。

6. 辅助锅炉的维护

辅助锅炉的维护应符合下列规定：

（1）风管、除尘设备、给水、循环水泵、水处理设备和通风设备应保证可靠运行；

（2）电路、控制器、调节阀操作机构及一次性仪表、连锁报警保护装置性能应可靠；

（3）水位计、压力表和安全阀应确保无泄漏，转动三通旋塞压力表指针应能恢复到零，安全阀排气管应畅通；

（4）水质应严格按照国家现行水质标准要求，防止因水质问题造成锅炉结垢，降低锅炉效率。

4.4 常见故障及解决办法

4.4.1 集热器常见故障及解决方案

1. 平板型集热器板芯胀裂漏水

平板型集热器最常见的故障是集热器板芯内的水结冰导致胀裂。胀裂原因是冬季气温低时，集热器板芯内水受冻结冰导致，较常见于集热器板芯的下集管位置。在实际工程中，环境温度在0℃以上时，也可能会发生胀裂。晴朗夜间集热器板芯对天空辐射散热引起板芯内温度低于环境温度，低于0℃时导致板芯流道内的水冻结胀裂板芯流道。

发现胀裂漏水情况时，应及时对损坏集热器进行整体更换维修。

2. 平板型集热器内有水汽

运行过程中平板型集热器板芯与盖板玻璃之间可能会出现水汽。水汽产生原因是：夜间集热器盖板温度降低，集热器内水分凝结导致。

集热器设计阶段，通过预留通气孔等方法可有效减少水汽的发生。

3. 平板型集热器板芯吸热涂层脱膜

平板型集热器板芯吸热涂层脱膜的原因通常是吸热板芯的涂层处理不妥善。

发现平板型集热器板芯涂层脱落较明显的，应更换集热器。

4. 平板型集热器玻璃盖板破裂

系统运行过程中，由于外力撞击玻璃、集热器内外温差突然急剧变化（比如晴天时，突然下雨）等外部条件均可能引起集热器玻璃盖板破裂。

发现平板型集热器玻璃破碎时，应更换平板集热器。

5. 平板型集热器进出接头渗漏

平板型集热器进出接头渗漏多是由于工人的不当安装导致。

发现有漏水情况时，要查清楚漏水部位，渗漏处露在外面时可现场焊接解决；渗漏处在集热器内部时，需打开集热器维修或更换集热器。

6. 集热器之间连接管渗漏

集热器之间连接管渗漏多是安装时紧固不紧、使用后冷热膨胀，导致连接管变形所致。

发现渗漏现象时，应查找渗漏原因，如因紧固不紧的，可用扳手紧固；如发现连接管变形时，应更换连接管。

7. 真空管集热器玻璃管炸管

全玻璃真空管炸管的原因较多，主要有：（1）外力撞击，如冰雹、石头等外来物撞击；（2）真空管内水已高温沸腾时突然向真空管集热器补冷水导致内玻璃管温度聚变；（3）晴天白天时，真空管长时间空晒后突然降雨导致外玻璃管温度聚变；（4）在制造过程中，玻璃管应力未完全消除；（5）玻璃管存在划伤；（6）玻璃管壁厚太薄；（7）玻璃管材质达不到质量要求。

发现真空管集热器玻璃管炸管时应及时更换集热器。

8. 真空管吸热涂层脱落

真空管吸热涂层脱落的原因主要有：（1）真空管真空消失，导致膜层脱落；（2）全玻璃真空管内管在镀膜前没有清洗干净；（3）玻璃—金属真空管金属吸热板涂层质量有问题。

发现真空管吸热涂层脱落时应及时更换真空管。

9. 真空管尾部镜面减少或消失

真空管尾部镜面减少或消失的原因是真空管真空度下降。

发现真空管尾部镜面减少或消失时应尽快更换真空管。

10. 全玻璃真空管与联箱内胆密封处漏水

全玻璃真空管与联箱内胆密封处漏水的原因主要有：（1）真空管与联箱内胆之间的密封圈开裂损坏，导致密封不严；（2）密封圈安装不善；（3）真空管安装不到位，端口伸入联箱内胆的部分太少。

发现全玻璃真空管与联箱内胆密封处漏水时，可先向一个方向旋转真空管，并逐渐向上推进，使得真空管伸入内胆更多一点，如果反复这样做几次后，仍旧漏水，则应拔掉真空管，做进一步检查判断。发现密封圈有问题的应立即更换。

11. 真空管集热器尾架变形，真空管后退，真空管与联箱内胆密封处漏水

这种故障的原因主要有：（1）尾架结构设计不合理；（2）尾架没有固定好；（3）真空管尾座变形或固定不牢；（4）真空管承受的来自联箱内胆的压力过大。

应根据现场情况分析具体故障原因，并予以排除。

12. 全玻璃真空管集热器联箱变形

全玻璃真空管集热器联箱变形的原因主要有：（1）联箱内胆受到较大的压力，如与真空管集热器直接连通的储热水箱位置过高、真空管所受压力过大、自来水或水泵的压力过大等；（2）某一排或一列集热器的进出阀门全部关闭，在太阳照射下，内部介质受热膨胀，将联箱内胆撑鼓。

应根据现场情况分析具体故障原因，并予以排除。

4.4.2 管路系统常见故障及解决办法

1. 阀门常见故障及解决办法（表 4-2）

阀门常见故障及解决办法 **表 4-2**

故障现象	原因分析	解决方法
阀门关不严	阀芯与阀座间有杂物	清除杂物
	阀芯与阀座密封面损坏或有伤痕	研磨密封面或更换损坏部分
阀芯与阀座间有渗漏	阀盖旋压不紧	阀盖旋压紧
	阀体与阀盖间得垫片过薄或损坏	加厚或者更换垫片
	法兰连接的螺栓松紧不一	均匀拧紧螺栓
止回阀阀芯不能开启	阀芯与阀座粘住	清除水垢
	阀芯转轴生锈	清除铁锈,使之活动
电磁阀通电后阀门不开启	电压过低	查明原因,提高至规定值
	线圈短路或烧毁	检修或更换
	动铁芯卡住	查明原因,恢复正常
	选型不当,水压达不到开启压力	更换零开启压力阀门

续表

故障现象	原因分析	解决方法
电磁阀通电后阀门不关闭	动铁芯或弹簧卡住	查明原因，恢复正常
	剩磁的力量吸住动铁芯	设法去磁或更换新材质的铁芯或更换新阀

2. 水泵常见故障及解决办法（表 4-3）

水泵常见故障及解决办法　　表 4-3

故障现象	可能原因	排除方法
1. 水泵不出水	进出口阀门未打开，进出口管（过滤器）阻塞，流道叶轮阻塞	检查去除阻塞物
	电机运转方向不对，电机缺相转速慢	调整电机方向，紧固接线
	吸管漏气	拧紧各密封面，排除空气
	泵腔内有空气	打开泵上盖或排气阀排尽空气
	进口供水不足，吸程过高	停机检查，调整（并网自来水管和有吸程时易出现）
	管路阻力过大，泵选型不当	减少管道弯道，重新选泵
2. 水泵流量不足	先按 1 原因检查	先按 1 排除
	管道、泵流道、叶轮阻塞、水垢沉积、阀门开度不足	去除阻塞物，重新调整阀门开度
	电压偏低	稳压
	叶轮磨损	更换叶轮
3. 功率过大	负荷过大，超过额定流量工作	调节流量，关小出口阀门
	吸程过高	降低吸程
	泵轴承磨损	更换轴承
4. 杂声、振动	管道支撑不稳	稳固管路
	液体混有气体	提高吸入压力排气
	产生气蚀	降低真空度
	轴承损坏	更换轴承
	电机过载发热运行	按 5 调整
5. 电机发热	摩擦发热	检查排除
	轴承损坏	更换轴承
	电压不足	稳压
6. 水泵漏水	机械密封磨损	更换
	泵体有砂眼或破裂	焊补或更换
	密封面不平	修整
	安装螺丝松懈	紧固

4.4.3　控制系统常见故障及解决办法

控制系统常见故障及解决办法如表 4-4 所示。

控制系统常见故障及解决办法　　表 4-4

故障现象	故障原因	解决步骤及方法
漏电断路器跳闸	电加热过载、漏电、短路	关闭其他支路断路器，此时漏电断路器合不上闸则应为电加热部分故障； 计算电加热功率是否与漏电断路器匹配，如不匹配则要更换漏电断路器或减少电加热组数； 如果电加热没有启动，而合上漏电断路器就出现跳闸现象，此时可以判定电加热短路，此时要测量相线与中性线之间的电阻，正常时读数 10Ω 左右，短路时接近于零，确定具体位置，检查接线； 若电加热启动时跳闸，则判定为电加热漏电，此时要在断电情况下测量电加热相线与地线之间的电阻，如果漏电则可从万用表中读出一较小电阻值。通过测量分析具体为哪一组电加热，可通过拆除法确定具体位置，更换电加热管
	其他支路设备漏电	将负载设备手动启动，然后逐一开启小断路器，观察在哪一路小断路器合上时漏电断路器发生跳闸； 断电情况下测量负载设备相线与地线之间的电阻，如果漏电则可从万用表中读出电阻值
	设备用中性线输出接在漏电断路器中性线输入上	负载用中性线接到漏电断路器输出端子上
小断路器跳闸	过载	先把每一路的小断路器关闭，然后逐一开启，观察是在哪一路小断路器合上时发生跳闸
	短路	如果设备没有启动，而合上某一路断路器就出现跳闸现象，此时可以判定该路设备短路，检查该路设备接线
	漏电	设备没有启动时不跳闸，而启动后立即跳闸，该路设备可能漏电或过载，应首先检查该设备的功率是否与控制柜要求匹配，如匹配则应为漏电，此时需要更换负载(水泵或电磁阀)设备
控制柜面板无显示	漏电断路器跳闸	用上述方法检测跳闸原因
	保险丝烧	系统供电正常，则测量电源板电源输入端子有无输入电压，如没有输入电压可能为保险烧断(更换保险丝)或内部电源线接触不良(检查接线)
	变压器损坏	电源板电源输入正常，则要对变压器进行检测，变压器入线为两线(红线)，输出为三线，分为两种颜色，当系统通电时，测量两条颜色不同导线两端的电压，正常情况下有交流 12V 电压输出，如果没有电压输出则为变压器损坏，此时要更换变压器
	内部接触不良	电源板 DC 5V 工作电压输出正常，而控制面板仍然没有显示，首先重新插接连接电源板和控制板之间的连接排线，并测量控制板排线对应位置有无 DC 5V 工作电压
水位显示不正常	接线错误	当实际检测水箱水位与显示水位不符后，检测传感器接线与标识对应有无错误
	传感器损坏	如传感器输出的信号即与实际情况不符，则更换传感器
	控制板芯片损坏	如传感器输入电压正常但显示不正常，则为控制柜线路板有故障
	信号干扰	控制板没有问题，传感器供电正常，并更换传感器后仍出现水位显示不正常的情况时，检查传感器线路是否与设备工作电源线同管铺设，周围是否有大功率强干扰设备，如有这些情况要想办法避免或增加屏蔽保护
水温显示不正常	接线错误	当工程实际温度与显示温度不符后，检测传感器接线与标识对应有无错误
	传感器损坏	更换传感器
	控制板芯片损坏	如传感器输入电压正常但显示不正常，则控制柜控制板有故障，需更换控制板
	信号干扰	控制板没有问题，传感器供电正常，并更换传感器后仍出现水温显示不正常的情况时，检查传感器线路是否与设备工作电源线同管铺设，周围是否有大功率强干扰设备，如有这些情况要想办法避免或增加屏蔽保护

续表

故障现象	故障原因	解决步骤及方法
温差、防冻、管道或上水等设备手、自动均不启动	保险丝烧	此时控制面板无显示，手、自动均不启动，取出保险丝，测量保险是否导通，不导通则要更换保险丝
	内部接触不良	从漏电断路器出线端到保险丝处接触不良，检查接线
温差、防冻、管道或上水等设备自动不启动	对应支路小断路器跳闸	检查小断路器跳闸原因
	芯片损坏	先判断该路设备是否已经达到启动条件或者是否有其他条件限制该功能的启动，当确实达到启动条件时，查看电路板对应指示灯是否点亮，若指示灯不亮，则可能芯片损坏，需要更换芯片或更换控制板
	接触不良	指示灯亮时，测量故障点对应电源板继电器两控制端之间的电压，无DC 12V则为电源板和控制板间排线接触不良
	电源板继电器损坏	继电器两控制端之间有DC 12V电压，而继电器还没有电压输出，则判定为继电器损坏，更换继电器
	交流接触器损坏	接触器控制端有输入，但交流接触器没有动作，或有动作且输入端供电正常，但输出端没有电压(输入端没有电压，检测与断路器之间的线路是否连接牢固)，则更换交流接触器
温差、防冻、管道或上水等设备手动不启动	手动开关损坏	测量手动开关入线是否有电压，入线有电压而手动启动时出线没有，则为手动开关坏，更换开关
	内部接触不良	手动开关入线无电压，此时检测从熔断器出线到手动按钮入线之间的接线
电加热不启动	电加热交流接触器控制端无输出电压	自动： 先判断该路设备是否已经达到启动条件或者是否有其他条件限制该功能的启动，当确实达到启动条件时，查看电路板对应指示灯是否点亮，若指示灯不亮，则可能芯片损坏，需要更换芯片或更换控制板； 指示灯亮时，测量故障点对应电源板继电器两控制端之间的电压，无电压则为电源板和控制板间排线接触不良； 继电器两控制端之间有电压，而继电器还没有电压输出，则判定为继电器损坏，更换继电器； 接触器控制端有输入，但交流接触器没有动作，或有动作但输出端没有电压，则更换交流接触器或检查与漏电断路器之间的接线。 手动： 手动开关入线是否有电压，入线有电压而手动启动时出线没有，则为手动开关损坏，更换开关； 手动开关入线无电压，此时检测从熔断器出线到手动按钮入线之间的接线

第 5 章　北京市新航城安置房太阳能热水系统项目管理

5.1　北京市新航城安置房项目简介

5.1.1　北京新机场项目简介

2014 年 12 月 15 日，国家发展改革委下发《关于北京新机场工程可行性研究报告的批复》指出，为满足北京地区航空运输需求，增强我国民航竞争力，促进北京南北城区均衡发展和京津冀协同发展，以及更好地服务全国对外开放，经研究同意建设北京新机场。

北京新机场是建设在北京市大兴区礼贤镇、榆垡镇与河北廊坊市广阳区的超大型国际航空综合交通枢纽，远期（2040 年）按照客流吞吐量 1 亿人次，飞机起降量 80 万架次的规模建设七条跑道和约 140 万 m^2 的航站楼，机场预留控制用地按照终端（2050 年）旅客吞吐量 1.2 亿人次，飞机起降量 100 万架次，九条跑道的规模预留。该机场主体工程占地多在北京境内，是继北京首都国际机场、北京南苑机场（将搬迁）后的第三个客运机场，70 万 m^2 航站楼，客机近机位 92 个，计划于 2019 年年底建成，远期航站楼面积达到 82 万 m^2，客机近机位 137 个，使其满足 7200 万人次的设计能力。北京新机场的建设可破解北京地区航空硬件能力饱和，推进京津冀一体化发展，引领中国经济新常态，是打造中国经济升级版的重要基础设施支持。

5.1.2　新航城安置房工程简介

北京新航城与北京大兴国际机场同步规划，以南中轴为发展的主线，辐射范围包括礼贤镇、榆垡镇、安定镇、魏善庄镇以及庞各庄镇五个主要地区。其中回迁安置工程是保障新机场建设的重要组成部分，包括榆垡、礼贤两个组团（表 5-1）。

安置房选址及规模　　**表 5-1**

组团名称	礼贤组团	榆垡组团
位置	大兴区礼贤镇镇区以东，礼贤中学东侧	大兴区榆垡镇镇区西侧
地块面积	占地面积约 58 万 m^2	占地面积约 53.7 万 m^2
总建筑面积	181 万 m^2	167.4 万 m^2

5.1.3 新航城安置房项目节能目标

新航城回迁安置房项目以绿色建筑二星级评价标识为目标进行设计。

根据《绿色建筑评价标准》GB/T 50378—2014、北京市《绿色建筑评价标准》DB11/T 825—2015，以及北京市《居住建筑节能设计标准》DB11/891—2012相关规定要求，本项目拟采用集中设置太阳能集热器、分户设置燃气辅助热源的方式，设置太阳能热水系统，满足两组团用户生活热水需求。

5.2 技术分析与设计方案

5.2.1 技术分析

高层住宅太阳能热水系统形式可分为屋顶太阳能集中集热集中供水系统、阳台壁挂微循环系统和屋顶太阳能集中集热分散换热系统，北京市新航城安置房太阳能热水系统在项目建设初期进行了技术经济对比分析，如表5-2所示。

高层住宅建筑太阳能热水系统对比分析 **表5-2**

系统形式	屋顶太阳能集中集热集中供水系统	阳台壁挂微循环系统	屋顶太阳能集中集热分户换热系统
原理简介	太阳能集热器集中安装在屋顶，通过强制循环将收集太阳能热量直接加热热水，增压水泵分户供应热水	分体集热器安装在建筑南立面，通过强制循环将集热器收集热量通过间接换热加热水箱热水，热水供应为自来水顶水	太阳能集热器集中安装在屋顶，通过强制循环将收集的太阳能热量直接加热热水，再与室内储热水箱进行换热。用户用水为户内自来水顶水
集热装置	全玻璃真空管集热器	平板型集热器	全玻璃真空管集热器
系统功能	自动补水、防冻循环、防冻加热、温差循环、防过热、加压供水；采用室内燃气热水器辅热	温差循环；采用室内燃气热水器辅热或内置电辅热加热；顶水出水	自动补水、防冻循环、防冻加热、温差循环、防过热、换热循环；采用室内燃气热水器辅热
优点	集热器安装在楼顶，不影响建筑外观	系统简单，性能稳定，水电用户自控；不需物业管理	集热器安装在楼顶，不影响建筑外观，用户用水不需计量，物业管理较为方便
缺点	系统运行管理、维护及水电费计量繁琐，物业管理困难	对建筑外观影响较大	初投资较高
初投资	中等	较低	较高

5.2.2 技术方案

经技术经济分析，北京市新航城安置房太阳能热水系统采用集中集热—分户储热式系统。与一期太阳能方案相比，由集中储热辅热变为分户换热储热辅热，增加了分户换热储热水箱，取消了分户热水表，用户接受度更高；同时，循环系统由每单元一套变为每栋楼一套，节约了建造成本。

北京市新航城安置房二期太阳能热水系统运行原理如图5-1所示，每栋楼采用一套集中集热分户换热（储热）系统，屋顶采用全玻璃真空管集热器，配置2 m^3中间缓冲水箱，每户室内安装一台60L承压换热储水箱与燃气热水器串联使用，屋顶太阳能热水作为热媒加热室内 60L 水箱内的水，用水时，户内自来水将户内储热水箱的水输送至燃气热水器加热后供到末端使用。

图 5-1　新航城安置房二期太阳能热水系统项目运行原理图

运行原理说明：

（1）缓冲水箱补水：可实现定时补水、缺水补水等自动补水和手动补水功能。

（2）太阳能集热系统：当集热器温度高于缓冲水箱温度 8℃（可调）时，太阳能循环泵启动，将集热器热水打入缓冲水箱中；当温差低至 3℃时，循环泵停止。如此反复循环，将缓冲水箱中的水逐步加热。

（3）定温循环：当缓冲水箱温度≥45℃（可调）时，换热水泵开启，将缓冲水箱热水打入室内，加热室内换热水箱内的水；缓冲水箱温度低于设定温度5℃时，换热循环泵关闭，停止循环。室内水箱防过热保护：当缓冲水箱温度≥65℃（可设定）时，换热循环泵不启动，防止室内水箱高温。

（4）燃气辅助加热：自来水将换热水箱内的水顶入燃气热水器加热，经燃气热水器提供恒温热水。

（5）防冻设计：系统采用防冻循环和防冻伴热带两种防冻措施。防冻循环：当循环管道温度<10℃（可设定）时，集热循环泵启动；当循环管道温度≥15℃（设置温度+5℃）时，循环停止。伴热带控制：当循环管道温度<5℃（可设定，一般低于防冻循环温度）时，集热循环泵启动；当循环管道温度≥10℃（设置温度+5℃）时，加热停止。

（6）防过热炸管措施：当太阳能缓冲储水箱温度达到90℃（可设置）时，集热循环泵开启循环（不受温差循环控制），每循环20min，停10min。

5.3 项目实施特点

本项目是北京大兴国际机场的配套工程，同时也是临空经济区的重要民生工程，与常规太阳能热水系统相比具有以下特点：

1. 工程质量、安全标准高

该工程为保障房项目，涉及22806户住宅，在工程建设阶段严格把控施工质量，15家总承包施工单位全部取得“北京市结构长城杯”；施工现场安全文明施工全部被评为“北京市绿色安全样板工地”。

2. 工程规模大

本项目总建筑面积约344万m^2，由35个地块组成，共计210栋高层住宅，为北京市同期建设规模最大的安置房项目。为保证各单体建筑进展同步，需制定合理的施工组织计划，高效完成施工。

3. 季节性因素影响

该工程施工周期跨越2个冬期、2个雨期，为保证按时完成施工，需制定详细的冬期、雨期施工计划，降低季节性因素对施工效率的影响。

5.4 项目组织

该工程在施工组织方面，制定了完善的施工方案，保障工程顺利施工。

5.4.1 完善的安全施工方案

成立项目安全领导小组，项目经理为安全生产第一责任人，具体负责日常安全施工。由现场经理、机电经理、安全总监、专职安全员、专业责任工程师、各劳务队伍专职或兼职安全员等各方面人员组成安全保证体系。组织全体职工的安全教育工作；定期组织召开安全施工会议、巡视施工现场，发现隐患，及时解决。

结合项目实际需求，制定了完备的专项安全防护措施，如表5-3所示。

专项安全防护措施提纲　　表 5-3

序号	专项措施名称	序号	专项措施名称
1	个人防护措施	9	机械设备安全措施
2	防火、防汛安全措施	10	汽车吊操作安全措施
3	临边、洞口安全防护措施	11	塔吊安拆作业安全措施
4	高处作业防护措施	12	高压线区域防护安全措施
5	物品码放安全措施	13	临时用电安全措施
6	脚手架及卸料平台安全防护措施	14	夜间施工安全措施
7	作业面防护措施	15	交通安全措施
8	交叉作业防护措施		

5.4.2 高效的冬期施工方案

根据北京地区历年气温记录，北京地区每年 11 月 15 日到次年 3 月 15 日为冬施期，历时 4 个月。按照规范规定，当室外日平均气温连续 5d 稳定低于 5℃时即进入冬期施工。在冬期施工期限以外，突遇寒流侵袭气温骤降至 0℃时，也应按冬期施工规定执行。

为便于管理和根据不同温度调整技术对策，该工程把冬期施工分为以下几个阶段：

（1）初冬阶段施工：平均温度为 0℃左右，最低温度一般在－5℃左右，时间从 11 月中旬到 12 月中旬，2 月中旬到 3 月中旬，约为 70d。此阶段一般可采用综合蓄热法施工。

（2）严冬阶段施工：平均气温－5℃左右，最低气温在－10℃左右，时间从 12 月下旬到次年 2 月上旬，约 50d。此阶段一般可采用综合蓄热法和负温养护法结合，适宜加入防冻剂增加保温来组织施工。

（3）寒流阶段施工：平均气温－10℃左右，最低气温可达－15℃以下，每年约 4～5 次，计 20d 左右。此阶段除采用综合蓄热法和负温养护法施工外，可临时加强保温，延长保温时间并可采取增温措施。根据气温采用适宜的防冻剂、外加剂。不能满足要求时，也可暂停施工避开寒流。

冬期施工转入常温施工的界限是：当室外日平均气温连续 5d 高于 5℃即解除冬期施工。

5.4.3 防疫方案

按照新冠肺炎疫情防控要求，该工程制定了详细的疫情防控方案，主要内容如下：

1. 消毒管理

项目行政部主要监督卫生实施人员定期对办公区、生活区、施工现场保安亭等重点区域进行每日两次消毒，并记录。生活区、办公区设置废弃口罩收集处，统一消毒后进行处置，生活区封闭垃圾池周边、下水道、垃圾桶每日进行清理消毒，办公室、宿舍、用餐期间定期开窗通风，保证空气流通，空调机滤网每周消毒一次。

2. 人员进出及隔离测温管理

项目行政部设置隔离室，隔离室配备相应的生活物资，项目安全部对返场人员进行入场及防疫教育，消防保卫人员每日对管理人员及返场人员进行两次体温记录建立台账，确定无发热、咳嗽及其他疑似症状后方可进入隔离区观察，在隔离区观察7日后，确认无发病状态，方可解除隔离，进场施工；施工现场、生活区等进出入口保安亭设置人员登记制度，每天对进入现场施工人员进行登记，并测量体温，非本单位人员禁止进入现场。

3. 人员分组管理

针对人员返场后未满14d的劳务人员进行登记测温，查验是否去过疫情地区，然后对人员进场分组隔离，并将人员信息粘贴至宿舍门上，总包人员分组24h管控，首先根据到场人员户籍地、到场时间等划分施工小组，每个小组确定2名总包管理责任人员，各责任人员指定组员活动范围，组员不得超过活动范围，总包管理责任人员负责本小组劳务人员住宿、吃饭、现场作业、测温、消毒等情况控制，2名管理人员分白夜班轮流进行看管，按照相关要求进行24h监督管控，并按时上报、测温、消毒垃圾处理等。

4. 垃圾管理

定点设置废弃口罩投放点、生活垃圾专用垃圾桶（箱）、餐余垃圾专用垃圾桶（箱），均由专人负责清理、消毒，同时由具有相应资质或通过镇政府联络的垃圾处理单位每日清运出场进行处理。

5. 物资、设备进场管理

项目物资部对重大疫情区域的建材、物资、设备严禁进入现场，项目商务部提前对分供方进行梳理，避免使用重大疫情区域的分供方运送材料物资和设备采用。

6. 应急处置管理

根据疫情性质、大小，在现场设立一至两道警戒线并派人把守，维护现场秩序，封存可疑物品，隔离可疑患病或感染人员，集中管理，避免再次传播和感染；将患病人员转移到隔离区域，等待医疗机构的诊治，并协助专业人员转运感染人员。同时，在发现突发情况时及时上报监理和业主单位，以便其两方单位进行响应。

5.5 项目实施成效

5.5.1 调试运行初步效果

2019年，北京市新航城安置房一期工程已投入使用，安置居民陆续回迁中。

入住后，北京新航城开发建设有限公司针对太阳能热水系统工程的实际使用情况进行了监测、统计与分析。本项目太阳能热水系统采用集中集热—集中储热—分户辅热集中式热水系统。每单元设置一套集中式的太阳能热水系统。太阳能热水系统采用全玻璃真空管式太阳能集热器，楼顶设置有太阳能设备间，在设备间安装开式储热供热水箱，采用变频增压供水的方式集中向用户端供应热水，热水管道采用主管道温控循环，太阳能循环泵、热水供水泵采用一用一备设计。用户末端配置户用强排式燃气热水器＋恒温供水控制装置，45℃恒温供水。热水采用IC卡计量收费。

监测数据显示，该项目典型系统晴好天气情况下运行用电量约为13～17kWh，平均按15kWh/d，系统运行成本按吨水计算折合0.487元/t（供水温度为42～50℃），相对于常规电热水器来说，每吨热水相当于节约电量30.5kWh，节能效果显著。

5.5.2 按绿色建筑二星标准执行

项目选址远离噪声区，避开噪声污染；区位交通优越，周边高速公路、国道等多条连接市区道路，交通体系便捷通达；城镇配套完善，位于镇区核心及未来临空区的重要位置，市政与公共配套服务设施完善，舒适群众生活。

在设计方面，安置房设计充分践行绿色低碳理念，高标准推进“碳中和”“碳达峰”，严格按照“绿色建筑二星”标准开展工作。让安置群众充分享受绿色低碳、智慧生活带来的幸福感和舒适性的同时，降低生活成本。此外，严格按照绿色建筑二星标准进行建设，以建立绿色工地为标准，严格要求所有工地达到绿色工地标准。

5.5.3 央视报道

2021 年 9 月 23 日，中央电视台朝闻天下节目针对项目回迁进行了相关报道，项目负责人表示：榆垡、礼贤两个片区共 210 栋住宅楼和相关配套工程，全部严格按照绿色建筑二星标准开展工作。让安置群众在充分享受绿色、低碳、智慧生活带来的幸福感和舒适性的同时，降低了回迁百姓的生活成本。

第6章 太阳能热水系统节能减碳量

我国自2005年开始便成为世界上最大的太阳能热利用产品生产国与应用国，在“碳中和”目标下，太阳能热利用项目快速发展，为我国建筑领域节能减排做出了重要贡献。本章介绍了运行阶段太阳能热水工程运行评价与节能减碳量的计算方法。

6.1 工程运行评价方法

6.1.1 短期测试

1. 测试要求

国家标准《可再生能源建筑应用工程评价标准》GB/T 50801—2013中给出了系统短期测试与长期监测的测试方法。测试时使用的总辐射表应符合现行国家标准《总辐射表》GB/T 19565的要求，其他仪器、仪表应满足现行国家标准《家用太阳热水系统性能试验方法》GB/T 18708、《太阳热水系统性能评定规范》GB/T 20095等标准的要求。全部仪器、仪表必须按国家规定进行校准。

在进行工程的热工性能检测时，系统热工性能检验记录应包括至少4d（该4d应有不同的太阳辐照条件、日太阳辐照量的分布范围见表6-1）、由太阳能集热系统提供的日有用得热量、集热系统效率、热水系统总能耗和系统太阳能保证率的检测和计算、分析结果。

太阳能热水系统热工性能检测的日太阳辐照量分布 **表6-1**

测试时间	第1天	第2天	第3天	第4天
该测试天的日太阳辐照量 H	$H<8\mathrm{MJ/(m^2\cdot d)}$	$8\mathrm{MJ/(m^2\cdot d)}\leqslant H<12\mathrm{MJ/(m^2\cdot d)}$	$12\mathrm{MJ/(m^2\cdot d)}\leqslant H<16\mathrm{MJ/(m^2\cdot d)}$	$H\geqslant16\mathrm{MJ/(m^2\cdot d)}$

2. 太阳能集热系统的全年得热量

太阳能集热系统的全年得热量 q_{nj} 应按式（6-1）计算：

$$q_{\mathrm{nj}}=x_1q_{\mathrm{j1}}+x_2q_{\mathrm{j2}}+x_3q_{\mathrm{j3}}+x_4q_{\mathrm{j4}} \tag{6-1}$$

式中 q_{nj}——全年太阳能集热系统得热量，MJ；

q_{j1}、q_{j2}、q_{j3}、q_{j4}——按表6-1中不同太阳辐照量条件下、实测得出的单日集热系统有用

得热量，MJ；

x_1、x_2、x_3、x_4——分别为一年中当地按表6-1中日太阳辐照量分布、所涵盖的4类不同日太阳辐照量的总计天数，d。

3. 太阳能集热系统效率

太阳能集热系统效率应按式（6-2）计算：

$$\eta=\frac{x_1\eta_1+x_2\eta_2+x_3\eta_3+x_4\eta_4}{x_1+x_2+x_3+x_4} \tag{6-2}$$

式中 η——集热系统效率，%；

η_1、η_2、η_3、η_4——不同太阳辐照量下的单日集热系统效率，%，单日集热系统效率 η 用下式计算得出：

$$\eta=\frac{q_{\mathrm{j}}}{A\times H}\times 100\% \tag{6-3}$$

式中 η——太阳能热水系统的集热系统效率，%；

q_{j}——检测得出的太阳能集热系统单日得热量，MJ；

A——集热系统的集热器总面积，m^2；

H——检测当日的太阳日总辐照量，MJ/m^2。

4. 系统太阳能保证率

系统太阳能保证率应按式（6-4）计算：

$$f=\frac{x_1f_1+x_2f_2+x_3f_3+x_4f_4}{x_1+x_2+x_3+x_4} \tag{6-4}$$

式中 f——系统太阳能保证率，%；

f_1、f_2、f_3、f_4——不同太阳辐照量下的单日太阳能保证率，%，利用式（6-5）计算得出；

x_1、x_2、x_3、x_4——分别为一年中当地按表6-1中日太阳辐照量分布、所涵盖的4类不同日太阳辐照量的总计天数，d。

$$f=\frac{q_{\mathrm{j}}}{q_{\mathrm{z}}}\times 100\% \tag{6-5}$$

式中 f——单日太阳能保证率，%；

q_{j}——检测得出的太阳能集热系统单日得热量，MJ；

q_{z}——检测得出的单日系统总能耗，MJ。

6.1.2 长期监测

长期运行性能监测能够更为准确地反映系统的实际效益，虽然会增加一些费用支出，但在太阳能热水系统的总投资中的占比并不高。因此，是今后系统运行性能评价的发展方向；现阶段条件适宜时，应优先采用。目前，我国已有一批实施系统长期运行性能监测评价的工程投入使用，并有成熟的关联技术。

进行太阳能热水系统的长期运行性能评价，可依据国家标准《可再生能源建筑应用工程评价标准》GB/T 50801—2013中针对长期测试所做的相关规定；但应在条件具备时选择高标准要求，例如测试周期，宜在系统工作的整个寿命期内实施对系统运行的性能监测，而不是仅满足 120d 的最低限规定，从而获得更为全面、准确的性能和效益评价结果。

6.2　碳减排计算方法

6.2.1　碳排放边界及排放源

计算太阳能热水系统节能减排量应首先确定碳排放边界与排放源。

从太阳能热水系统的结构出发，太阳能热水系统碳排放边界一般包括集热系统、输配系统、辅助热源等。太阳能热利用项目排放源一般应包括边界内输配、控制系统使用电力产生的温室气体排放，辅助热源设备产生的温室气体排放。

6.2.2　碳排放基准情景

基准情景是太阳能热水系统节能减碳量计算的基础，我国常见的供热水系统为电热水器和燃气热水器，因此将电热水器和燃气热水器分别作为太阳能热水系统节能减碳量计算的基准情景，具体如表 6-2 所示。

可能的基准情景　　表 6-2

情景	序号	情景
利用太阳能供应热水	B1	从电网获得电力并采用电热水锅炉满足用户需求
	B2	从燃气管网获得天然气并采用燃气热水锅炉或燃气壁挂炉满足用户需求

太阳能热水系统、电热水系统与燃气热水系统的碳排放边界与碳排放源如表 6-3 所示。

太阳能热水项目和基准线边界及排放源　　表 6-3

<table>
<tr><td colspan="2" rowspan="2">项目</td><td colspan="2">情景</td></tr>
<tr><td colspan="2">项目及基准线情景组合</td></tr>
<tr><td rowspan="2">项目</td><td>边界</td><td colspan="2">集热系统、输配系统、辅助热源、自动控制系统和供热水系统</td></tr>
<tr><td>排放源</td><td colspan="2">输配系统、电辅助热源等设备本身因电力消耗产生的温室气体排放；燃气或其他辅助热源为满足用热需求而产生的温室气体排放</td></tr>
<tr><td rowspan="2">基准线</td><td>边界</td><td>电网：输配系统、电热水锅炉等</td><td>电网：输配系统；供热设备：燃气热水锅炉或燃气热水器</td></tr>
<tr><td>排放源</td><td>电网为满足输配、加热等过程的用电需求而产生的温室气体排放</td><td>电网为满足输配、控制等用电需求而产生的温室气体排放；燃气热水锅炉或燃气热水器为满足用热需求而产生的温室气体排放</td></tr>
</table>

6.2.3　减排量计算

1. 太阳能热水系统温室气体排放量

太阳能热水系统温室气体排放量应包括边界内输配、控制系统使用电力或辅助热源产生的排放量，计算公式见式（6-6）：

$$PE=PE_{EL}+PE_{F} \tag{6-6}$$

式中　PE——一定时期内，太阳能热水系统排放量，tCO_2e；

PE_{EL}——同一时期内，太阳能热水系统中输配系统、电辅助热源等设备本身因电力消耗产生的排放量，tCO_2e；

PE_{F}——同一时期内，太阳能热水系统中消耗燃料产生的减排量，tCO_2e。

2. 基准情景温室气体排放量

以电热水器为基准情景时，基准情景下温室气体排放量应包括边界内输配、加热等过程的用电需求而产生的排放量，计算公式见式（6-7）：

$$BE=BE_{EL}=(EG+EH)\times EF_{e}=\left(EG+\frac{Q_{HW}}{\eta_{r}\eta_{HW}}\right)\times EF_{e} \tag{6-7}$$

式中　BE——一定时期内，基准情景下排放量，tCO_2e；

BE_{EL}——同一时期内，基准情景中输配、加热等过程电力消耗产生的排放量，tCO_2e；

EG——同一时期内，基准情景中热水输配消耗的电量，MWh；

EH——同一时期内，基准情景中热水加热所消耗的电量，MWh；

EF_{e}——电力的 CO_2 排放因子，与项目情境下相同，tCO_2e/MWh，采用国家最新发布值；

Q_{HW}——同一时期内生活热水耗热量，该值应与太阳能热水系统相同，MWh；

η_{r}——考虑热量损失后的生活热水输配效率，%；

η_{HW}——电热水锅炉效率，%。

以燃气热水器为基准情景时，基准情景下温室气体排放量应包括边界内输配、控制系统使用电力的排放量，以及燃气热水锅炉或燃气热水器为满足用热需求而产生的排放量，计算公式见式（6-8）：

$$BE=BE_{EL}+BE_{F}=EG\times EF_{e}+\frac{Q_{HW}\times 3.6}{\eta_{r}\eta_{HW}}\times EF_{j} \tag{6-8}$$

式中　BE——一定时期内基准情景下排放量，tCO_2e；

BE_{EL}——同一时期内，基准情景中输配系统因电力消耗产生的排放量，tCO_2e；

BE_{F}——同一时期内，基准情景中消耗燃料产生的减排量，tCO_2e；

EG——同一时期内，基准情景中热水输配消耗的电量，MWh；

EF_{e}——电力的 CO_2 排放因子，与项目情境下相同，tCO_2e/MWh，采用国家最新发布值；

Q_{HW}——同一时期内生活热水耗热量，该值应与项目情景相同，MWh；

η_{r}——考虑热量损失后的生活热水输配效率，%；

η_{HW}——燃气热水锅炉或燃气热水器效率，%。

EF_{j}——燃料单位能量的 CO_2 排放因子，tCO_2e/GJ。

3. 太阳能热水系统节能减排量计算

一定时期内，太阳能热水系统的节能减排量可根据式（6-9）计算，为太阳能热水系统和基准情景的排放量差值。

$$ER=BE-PE \tag{6-9}$$

式中　ER——一定时期内，太阳能热水系统温室气体减排量，tCO_2e；

BE——同一时期内，基准情景下温室气体排放量，tCO_2e；

PE——同一时期内，太阳能热水系统温室气体排放量，tCO_2e。

6.3　本章小结

本章结合我国“碳达峰、碳中和”目标，基于电热水器和燃气热水器的基准情景给出了太阳能热水系统在运行阶段的节能减排量计算方法，通过太阳能热水系统运行阶段节能减排的量化指标，促进太阳能热水系统工程高质量发展。

第 7 章　总结与展望

7.1　总结

2000 年以来，国家及各级政府陆续出台鼓励和支持在建筑中应用太阳能热水系统的政策。目前，我国已经是世界上最大的太阳热利用产品生产国和最大市场。根据国际能源署太阳能供热制冷委员会（IEA-SHC）的统计，截至 2019 年，我国太阳能集热器保有量达到 4.69 亿 m^2，约合装机容量 328.2 GW_{th}，约占世界总份额的 72.3%，成为是世界上最大的太阳能热利用市场。其中太阳能热水系统作为目前最主要的太阳能热利用方式，应用规模占比达到 95%以上。

近几年，随着“双碳”目标的进一步推进，大力发展可再生能源清洁供能降低碳排放成为实现碳中和的重要途径之一，太阳能具有无污染、取之不尽用之不竭的优势，成为可再生能源发展的重点之一。太阳能热水系统作为目前最主要的太阳能热利用方式，相关产业经过近三十年的发展，基本形成较为完整的产业化体系、市场开发体系和服务体系，具有丰富的工程经验。对于高层住宅建筑，目前常见的系统除集中集热—集中供热的太阳能热水系统外，还包括集中集热—分散供热系统和分散式供热的家用太阳能热水系统。

北京大兴机场噪声区安置房是北京大兴国际机场的配套工程，同时也是临空经济区的重要民生工程。本书以北京市新航城安置房项目太阳能热水系统的施工及运行维护为例，对高层住宅太阳能热水系统施工要点进行了说明。该项目制定了详细的施工组织计划，涵盖施工全过程并针对常见故障制定了有效的解决办法，有效保障了施工质量与运行效果，实现户均费用较电热水器降低 50%以上，有效降低居民热水费用，让安置群众在充分享受绿色、低碳、智慧生活带来的幸福感和舒适性的同时，降低了百姓的生活成本。

7.2　展望

北京市新航城安置房项目太阳能热水系统工程为高层住宅建筑应用太阳能热水系统提供了范本，总结太阳能热水系统在建筑应用过程中的成功经验和显现的问题，未来还需要在以下方面加强：

1. 提高系统运行管理水平、降低运营维护成本

对于集中集热的太阳能热水系统来说，解决计量收费是提高系统运行管理的必要手段之一。本项目 IC 卡计量收费的模式，在后续运行过程中，还需要物业管理公司提高系统运行管理水平，提升用户使用太阳能热水系统的积极性。

2. 完善太阳能生活热水水质指标

太阳能开式系统应用广泛，但缺少针对该系统的专门水质要求的相关标准，导致太阳能运维过程缺少相应依据，需要进一步完善。本工程采用了水质指标，将来国家标准完善后本工程还需相应改进完善。

2022 年 4 月，国家强制标准《建筑节能与可再生能源利用通用规范》GB 55015—2021 正式实施，该标准规定新建建筑应安装太阳能，标志着太阳能技术将在新建建筑中强制实施。展望未来，在以建筑“碳中和”为使命的驱动下，建筑设计将逐渐成为建筑太阳能热水应用的主要推动力量，更多的新建建筑将把太阳能热利用作为重要的组成部分，进而达到太阳能与建筑的深度融合。相应地，太阳能热水系统的智能化、高效化，集热产品的绿色建材属性都将成为推进太阳建筑一体化应用发展的核心要素。

附　录

附录 1　“十四五”建筑节能与绿色建筑发展规划[①]（节选）

为进一步提高“十四五”时期建筑节能水平，推动绿色建筑高质量发展，依据《中华人民共和国国民经济和社会发展第十四个五年规划和 2035 年远景目标纲要》《中共中央　国务院关于完整准确全面贯彻新发展理念做好碳达峰碳中和工作的意见》《中共中央办公厅　国务院办公厅关于推动城乡建设绿色发展的意见》等文件，制定本规划。

一、发展环境

（一）发展基础。

“十三五”期间，我国建筑节能与绿色建筑发展取得重大进展。绿色建筑实现跨越式发展，法规标准不断完善，标识认定管理逐步规范，建设规模增长迅速。城镇新建建筑节能标准进一步提高，超低能耗建筑建设规模持续增长，近零能耗建筑实现零的突破。公共建筑能效提升持续推进，重点城市建设取得新进展，合同能源管理等市场化机制建设取得初步成效。既有居住建筑节能改造稳步实施，农房节能改造研究不断深入。可再生能源应用规模持续扩大，太阳能光伏装机容量不断提升，可再生能源替代率逐步提高。装配式建筑快速发展，政策不断完善，示范城市和产业基地带动作用明显。绿色建材评价认证和推广应用稳步推进，政府采购支持绿色建筑和绿色建材应用试点持续深化。

……

（二）发展形势。

“十四五”时期是开启全面建设社会主义现代化国家新征程的第一个五年，是落实 2030 年前碳达峰、2060 年前碳中和目标的关键时期，建筑节能与绿色建筑发展面临更大挑战，同时也迎来重要发展机遇。

……

二、总体要求

（一）指导思想。

以习近平新时代中国特色社会主义思想为指导，深入贯彻党的十九大和十九届历次全会精神，立足新发展阶段，完整、准确、全面贯彻新发展理念，构建新发展格局，坚持以

---

① 《住房和城乡建设部关于印发“十四五”建筑节能与绿色建筑发展规划的通知》（建标〔2022〕24 号）。

人民为中心，坚持高质量发展，围绕落实我国 2030 年前碳达峰与 2060 年前碳中和目标，立足城乡建设绿色发展，提高建筑绿色低碳发展质量，降低建筑能源资源消耗，转变城乡建设发展方式，为 2030 年实现城乡建设领域碳达峰奠定坚实基础。

（二）基本原则。

——绿色发展，和谐共生。坚持人与自然和谐共生的理念，建设高品质绿色建筑，提高建筑安全、健康、宜居、便利、节约性能，增进民生福祉。

——聚焦达峰，降低排放。聚焦 2030 年前城乡建设领域碳达峰目标，提高建筑能效水平，优化建筑用能结构，合理控制建筑领域能源消费总量和碳排放总量。

——因地制宜，统筹兼顾。根据区域发展战略和各地发展目标，确定建筑节能与绿色建筑发展总体要求和任务，以城市和乡村为单元，兼顾新建建筑和既有建筑，形成具有地区特色的发展格局。

——双轮驱动，两手发力。完善政府引导、市场参与机制，加大规划、标准、金融等政策引导，激励市场主体参与，规范市场主体行为，让市场成为推动建筑绿色低碳发展的重要力量，进一步提升建筑节能与绿色建筑发展质量和效益。

——科技引领，创新驱动。聚焦绿色低碳发展需求，构建市场为导向、企业为主体、产学研深度融合的技术创新体系，加强技术攻关，补齐技术短板，注重国际技术合作，促进我国建筑节能与绿色建筑创新发展。

（三）发展目标。

1. 总体目标。到 2025 年，城镇新建建筑全面建成绿色建筑，建筑能源利用效率稳步提升，建筑用能结构逐步优化，建筑能耗和碳排放增长趋势得到有效控制，基本形成绿色、低碳、循环的建设发展方式，为城乡建设领域 2030 年前碳达峰奠定坚实基础。

……

2. 具体目标。到 2025 年，完成既有建筑节能改造面积 3.5 亿平方米以上，建设超低能耗、近零能耗建筑 0.5 亿平方米以上，装配式建筑占当年城镇新建建筑的比例达到 30%，全国新增建筑太阳能光伏装机容量 0.5 亿千瓦以上，地热能建筑应用面积 1 亿平方米以上，城镇建筑可再生能源替代率达到 8%，建筑能耗中电力消费比例超过 55%。

……

三、重点任务

（一）提升绿色建筑发展质量。

1. 加强高品质绿色建筑建设。推进绿色建筑标准实施，加强规划、设计、施工和运行管理。倡导建筑绿色低碳设计理念，充分利用自然通风、天然采光等，降低住宅用能强度，提高住宅健康性能。推动有条件地区政府投资公益性建筑、大型公共建筑等新建建筑全部建成星级绿色建筑。引导地方制定支持政策，推动绿色建筑规模化发展，鼓励建设高星级绿色建筑。降低工程质量通病发生率，提高绿色建筑工程质量。开展绿色农房建设试点。

……

（二）提高新建建筑节能水平。

以《建筑节能与可再生能源利用通用规范》确定的节能指标要求为基线，启动实施我国新建民用建筑能效“小步快跑”提升计划，分阶段、分类型、分气候区提高城镇新建民用建筑节能强制性标准，重点提高建筑门窗等关键部品节能性能要求，推广地区适应性强、防火等级高、保温隔热性能好的建筑保温隔热系统。推动政府投资公益性建筑和大型公共建筑提高节能标准，严格管控高耗能公共建筑建设。引导京津冀、长三角等重点区域制定更高水平节能标准，开展超低能耗建筑规模化建设，推动零碳建筑、零碳社区建设试点。在其他地区开展超低能耗建筑、近零能耗建筑、零碳建筑建设示范。推动农房和农村公共建筑执行有关标准，推广适宜节能技术，建成一批超低能耗农房试点示范项目，提升农村建筑能源利用效率，改善室内热舒适环境。

……

（三）加强既有建筑节能绿色改造。

1. 提高既有居住建筑节能水平。除违法建筑和经鉴定为危房且无修缮保留价值的建筑外，不大规模、成片集中拆除现状建筑。在严寒及寒冷地区，结合北方地区冬季清洁取暖工作，持续推进建筑用户侧能效提升改造、供热管网保温及智能调控改造。在夏热冬冷地区，适应居民采暖、空调、通风等需求，积极开展既有居住建筑节能改造，提高建筑用能效率和室内舒适度。在城镇老旧小区改造中，鼓励加强建筑节能改造，形成与小区公共环境整治、适老设施改造、基础设施和建筑使用功能提升改造统筹推进的节能、低碳、宜居综合改造模式。引导居民在更换门窗、空调、壁挂炉等部品及设备时，采购高能效产品。

……

（四）推动可再生能源应用。

1. 推动太阳能建筑应用。根据太阳能资源条件、建筑利用条件和用能需求，统筹太阳能光伏和太阳能光热系统建筑应用，宜电则电，宜热则热。推进新建建筑太阳能光伏一体化设计、施工、安装，鼓励政府投资公益性建筑加强太阳能光伏应用。加装建筑光伏的，应保证建筑或设施结构安全、防火安全，并应事先评估建筑屋顶、墙体、附属设施及市政公用设施上安装太阳能光伏系统的潜力。建筑太阳能光伏系统应具备即时断电并进入无危险状态的能力，且应与建筑本体牢固连接，保证不漏水不渗水。不符合安全要求的光伏系统应立即停用，弃用的建筑太阳能光伏系统必须及时拆除。开展以智能光伏系统为核心，以储能、建筑电力需求响应等新技术为载体的区域级光伏分布式应用示范。在城市酒店、学校和医院等有稳定热水需求的公共建筑中积极推广太阳能光热技术。在农村地区积极推广被动式太阳能房等适宜技术。

……

（五）实施建筑电气化工程。

充分发挥电力在建筑终端消费清洁性、可获得性、便利性等优势，建立以电力消费为核心的建筑能源消费体系。夏热冬冷地区积极采用热泵等电采暖方式解决新增采暖需求。开展新建公共建筑全电气化设计试点示范。在城市大型商场、办公楼、酒店、机场航站楼等建筑中推广应用热泵、电蓄冷空调、蓄热电锅炉。引导生活热水、炊事用能向电气化发展，促进高效电气化技术与设备研发应用。鼓励建设以“光储直柔”为特征的新型建筑电力系统，发展柔性用电建筑。

……

（六）推广新型绿色建造方式。

大力发展钢结构建筑，鼓励医院、学校等公共建筑优先采用钢结构建筑，积极推进钢结构住宅和农房建设，完善钢结构建筑防火、防腐等性能与技术措施。在商品住宅和保障性住房中积极推广装配式混凝土建筑，完善适用于不同建筑类型的装配式混凝土建筑结构体系，加大高性能混凝土、高强钢筋和消能减震、预应力技术的集成应用。因地制宜发展木结构建筑。推广成熟可靠的新型绿色建造技术。完善装配式建筑标准化设计和生产体系，推行设计选型和一体化集成设计，推广少规格、多组合设计方法，推动构件和部品部件标准化，扩大标准化构件和部品部件使用规模，满足标准化设计选型要求。积极发展装配化装修，推广管线分离、一体化装修技术，提高装修品质。

……

（七）促进绿色建材推广应用。

加大绿色建材产品和关键技术研发投入，推广高强钢筋、高性能混凝土、高性能砌体材料、结构保温一体化墙板等，鼓励发展性能优良的预制构件和部品部件。在政府投资工程率先采用绿色建材，显著提高城镇新建建筑中绿色建材应用比例。优化选材提升建筑健康性能，开展面向提升建筑使用功能的绿色建材产品集成选材技术研究，推广新型功能环保建材产品与配套应用技术。

（八）推进区域建筑能源协同。

推动建筑用能与能源供应、输配响应互动，提升建筑用能链条整体效率。开展城市低品位余热综合利用试点示范，统筹调配热电联产余热、工业余热、核电余热、城市中垃圾焚烧与再生水余热及数据中心余热等资源，满足城市及周边地区建筑新增供热需求。在城市新区、功能区开发建设中，充分考虑区域周边能源供应条件、可再生能源资源情况、建筑能源需求，开展区域建筑能源系统规划、设计和建设，以需定供，提高能源综合利用效率和能源基础设施投资效益。开展建筑群整体参与的电力需求响应试点，积极参与调峰填谷，培育智慧用能新模式，实现建筑用能与电力供给的智慧响应。推进源-网-荷-储-用协同运行，增强系统调峰能力。加快电动汽车充换电基础设施建设。

……

（九）推动绿色城市建设。

开展绿色低碳城市建设，树立建筑绿色低碳发展标杆。在对城市建筑能源资源消耗、碳排放现状充分摸底评估基础上，结合建筑节能与绿色建筑工作情况，制定绿色低碳城市建设实施方案和绿色建筑专项规划，明确绿色低碳城市发展目标和主要任务，确定新建民用建筑的绿色建筑等级及布局要求。推动开展绿色低碳城区建设，实现高星级绿色建筑规模化发展，推动超低能耗建筑、零碳建筑、既有建筑节能及绿色化改造、可再生能源建筑应用、装配式建筑、区域建筑能效提升等项目落地实施，全面提升建筑节能与绿色建筑发展水平。

四、保障措施

（一）健全法规标准体系。

以城乡建设绿色发展和碳达峰碳中和为目标，推动完善建筑节能与绿色建筑法律法规，落实各方主体责任，规范引导建筑节能与绿色建筑健康发展。引导地方结合本地实际制（修）订相关地方性法规、地方政府规章。完善建筑节能与绿色建筑标准体系，制（修）订零碳建筑标准、绿色建筑设计标准、绿色建筑工程施工质量验收规范、建筑碳排放核算等标准，将《绿色建筑评价标准》基本级要求纳入住房和城乡建设领域全文强制性工程建设规范，做好《建筑节能与可再生能源利用通用规范》等标准的贯彻实施。鼓励各地制定更高水平的建筑节能与绿色建筑地方标准。

（二）落实激励政策保障。

各级住房和城乡建设部门要加强与发展改革、财政、税务等部门沟通，争取落实财政资金、价格、税收等方面支持政策，对高星级绿色建筑、超低能耗建筑、零碳建筑、既有建筑节能改造项目、建筑可再生能源应用项目、绿色农房等给予政策扶持。会同有关部门推动绿色金融与绿色建筑协同发展，创新信贷等绿色金融产品，强化绿色保险支持。完善绿色建筑和绿色建材政府采购需求标准，在政府采购领域推广绿色建筑和绿色建材应用。探索大型建筑碳排放交易路径。

（三）加强制度建设。

按照《绿色建筑标识管理办法》，由住房和城乡建设部授予三星绿色建筑标识，由省级住房和城乡建设部门确定二星、一星绿色建筑标识认定和授予方式。完善全国绿色建筑标识认定管理系统，提高绿色建筑标识认定和备案效率。开展建筑能效测评标识试点，逐步建立能效测评标识制度。定期修订民用建筑能源资源消耗统计报表制度，增强统计数据的准确性、适用性和可靠性。加强与供水、供电、供气、供热等相关行业数据共享，鼓励利用城市信息模型（CIM）基础平台，建立城市智慧能源管理服务系统。逐步建立完善合同能源管理市场机制，提供节能咨询、诊断、设计、融资、改造、托管等“一站式”综合服务。加快开展绿色建材产品认证，建立健全绿色建材采信机制，推动建材产品质量提升。

（四）突出科技创新驱动。

构建市场导向的建筑节能与绿色建筑技术创新体系，组织重点领域关键环节的科研攻关和项目研发，推动互联网、大数据、人工智能、先进制造与建筑节能和绿色建筑的深度融合。充分发挥住房和城乡建设部科技计划项目平台的作用，不断优化项目布局，引领绿色建筑创新发展方向。加速建筑节能与绿色建筑科技创新成果转化，推进产学研用相结合，打造协同创新平台，大幅提高技术创新对产业发展的贡献率。支持引导企业开发建筑节能与绿色建筑设备和产品，培育建筑节能、绿色建筑、装配式建筑产业链，推动可靠技术工艺及产品设备的集成应用。

（五）创新工程质量监管模式。

在规划、设计、施工、竣工验收阶段，加强新建建筑执行建筑节能与绿色建筑标准的监管，鼓励采用“互联网＋监管”方式，提高监管效能。推行可视化技术交底，通过在施工现场设立实体样板方式，统一工艺标准，规范施工行为。开展建筑节能及绿色建筑性能责任保险试点，运用保险手段防控外墙外保温、室内空气品质等重要节点质量风险。

五、组织实施

（一）加强组织领导。

地方各级住房和城乡建设部门要高度重视建筑节能与绿色建筑发展工作，在地方党委、政府领导下，健全工作协调机制，制定政策措施，加强与发展改革、财政、金融等部门沟通协调，形成合力，共同推进。各省（区、市）住房和城乡建设部门要编制本地区建筑节能与绿色建筑发展专项规划，制定重点项目计划，并于2022年9月底前将专项规划报住房和城乡建设部。

（二）严格绩效考核。

将各地建筑节能与绿色建筑目标任务落实情况，纳入住房和城乡建设部年度督查检查考核，将部分规划目标任务完成情况纳入城乡建设领域碳达峰碳中和、“能耗”双控、城乡建设绿色发展等考核评价。住房和城乡建设部适时组织规划实施情况评估。各省（区、市）住房和城乡建设部门应在每年11月底前上报本地区建筑节能与绿色建筑发展情况报告。

（三）强化宣传培训。

各地要动员社会各方力量，开展形式多样的建筑节能与绿色建筑宣传活动，面向社会公众广泛开展建筑节能与绿色建筑发展新闻宣传、政策解读和教育普及，逐步形成全社会的普遍共识。结合节能宣传周等活动，积极倡导简约适度、绿色低碳的生活方式。实施建筑节能与绿色建筑培训计划，将相关知识纳入专业技术人员继续教育重点内容，鼓励高等学校增设建筑节能与绿色建筑相关课程，培养专业化人才队伍。

附录2　北京市“十四五”时期能源发展规划[①]（节选）

第一章　能源绿色低碳转型新起点

一、过去五年的主要成效

“十三五”规划实施以来，本市能源领域深入学习贯彻习近平生态文明思想和习近平总书记对北京工作的重要指示精神，聚焦打好大气污染防治攻坚战，多措并举，大力推动压减燃煤和清洁能源设施建设，能源结构调整实现新突破，基本建立多源多向、清洁高效、覆盖城乡的现代能源体系，成为全国能源清洁转型的典范城市。经过全市能源系统共同努力，“十三五”能源规划主要目标任务圆满完成，有力保障了首都“四个中心”功能建设和经济社会持续健康发展，有力促进了空气环境质量持续改善和人民生活品质显著提升，为“十四五”时期进一步推动本市能源绿色低碳转型和高质量发展奠定了坚实基础。

（一）能源结构调整实现新突破

大力推动化解煤炭过剩产能，大台等5座国有煤矿全部关停，600万吨煤炭产能全部退出，结束北京千年采煤史。举全市之力全面实施各类用煤设施电力、天然气等清洁能源替代，全市电厂、锅炉房、工业和居民采暖用煤总量大幅压减，平原地区基本实现无煤化。全市煤炭消费量由2015年的1165.2万吨大幅削减到2020年的135万吨，占全市能源消费比重由13.1％降为1.5％，天然气、调入电占能源消费比重分别达到37.2％和27.0％，比2015年分别提高8.2个和5.1个百分点。淘汰高排放车109万辆，新能源车保有量达到40万辆，公交、环卫、物流、出租等重点行业车辆电动化步伐加快。

……

二、存在问题

与城市总体规划目标和国际一流水平相比，与党中央、国务院推动碳达峰、碳中和目标要求相比，本市能源发展仍存在差距与不足。

一是绿色低碳发展与国际一流水平仍有差距。经济社会发展拉动能源消费总量持续刚性增长，化石能源占比高，交通、工业等重点领域能效与国际一流水平仍有差距，碳排放总量处于高位平台期。二是能源安全与服务保障仍存“短板”。城市电网安全保障能力与首都城市功能定位和构建新型电力系统要求存在差距，天然气应急储备能力需要加快提升，液化石油气使用安全隐患较多，部分供热企业服务管理方式比较粗放，能源应急保障体系建设仍需完善。三是能源创新能力和智慧水平有待进一步提升。北京国际科技创新中心资源优势发挥不足，绿色低碳技术推广应用和智慧能源系统建设还处于起步阶段，能源运行管理智能化、精细化水平有待提升。四是能源体制机制改革亟待深化。与碳达峰、碳中和相适应的能源政策、法规、标准和价格体系亟待健全完善。能源领域“放管服”和营

① 《北京市人民政府关于印发〈北京市“十四五”时期能源发展规划〉的通知》（京政发〔2022〕10号）。

商环境改革仍需深入推进。政府对能源行业监管能力、监管手段有待加强和创新。

三、能源发展新形势、新要求

当今世界，百年未有之大变局进入加速演变期，新冠肺炎疫情影响广泛深远，新一轮科技革命和产业变革深入发展，全球气候治理呈现新局面，生产生活方式加快低碳化、智能化发展，人类社会正在迈向可再生能源为主导的全新能源体系和发展模式。我国正处于实现中华民族伟大复兴的关键时期，经济已由高速增长阶段转向高质量发展阶段，加快推动能源高质量发展是实现经济高质量发展的内在要求和重要支撑。北京作为迈向中华民族伟大复兴的大国首都，始终处于国家发展的最前沿，地位十分重要和特殊。面对世界经济、政治、科技、安全等格局深刻调整的大变局和全球能源绿色低碳转型发展新趋势，首都能源发展应对各类风险挑战要求更高、约束更多、难度更大，必须准确识变、科学应变、主动求变，于危机中育新机、于变局中开新局，抓住机遇，应对挑战。

（一）能源安全不确定、不可控风险增多

……

（二）能源绿色低碳转型形势更加紧迫

……

（三）科技革命推动能源系统重塑

……

（四）经济社会高质量发展、重点功能区高水平建设激发能源绿色发展新动能

……

第二章　指导方针和主要目标

一、指导方针

（一）指导思想

坚持以习近平新时代中国特色社会主义思想为指导，全面贯彻党的十九大和十九届历次全会精神，深入贯彻习近平总书记对北京一系列重要讲话精神，认真落实党中央、国务院关于碳达峰、碳中和的重大战略部署，完整、准确、全面贯彻新发展理念，主动服务和融入新发展格局，以首都发展为统领，大力实施绿色北京战略，坚持统筹谋划、聚焦重点、分类施策、有序推进，提升能源安全能力和加快绿色低碳转型并重，能源供给侧和需求侧双向发力，补强设施和储备能力短板，增强能源供应的稳定性和安全性，构建坚强韧性、区域协同能源体系，实施可再生能源替代行动，积极扩大外调绿电规模，做好节能降碳，提高能源绿色低碳水平，增强能源科技创新能力，加快能源系统数字化、智能化升级，培育绿色低碳新动能，努力打造能源革命“北京样板”，确保实现碳达峰后稳中有降，碳中和迈出坚实步伐，为首都高质量可持续发展提供有力保障。

（二）基本原则

绿色低碳，安全可靠。大力推进能源供给消费绿色低碳变革，持续提升重点行业、重点区域绿色发展水平，确保碳排放总量稳中有降。坚持底线思维，做好重大风险研判和能源运行预警监测，强化应急保障设施能力建设，确保资源供应安全和城市运行平稳。

创新驱动，示范引领。发挥北京国际科技创新中心优势，创新突破一批绿色低碳关键技术和装备。大力推动能源新技术、新模式示范应用和现代信息技术与传统能源行业融合发展，打造一批绿色低碳智慧发展示范区。

城乡统筹，区域协同。统筹中心城区与城市副中心、重点功能区能源设施建设布局，构建城乡协调、高效协同的能源管理运行机制。多层次推进与津冀及周边地区能源交流合作，实现资源优势互补、设施管网互通、发展成果共享。

政府引导，市场推动。加强顶层设计、系统谋划、分类推进，更好发挥政府规划政策约束引导作用，持续深化能源领域“放管服”改革，提高能源行业监管服务水平。充分发挥市场在资源配置中的决定性作用，强化企业主体责任，加快构建适应能源绿色低碳发展要求的市场机制。

二、 2025年主要目标

到2025年，能源绿色低碳转型实现新突破，基本建成坚强韧性、绿色低碳智慧能源体系，能源利用效率持续提升，绿色低碳技术研发和推广应用取得新进展，城乡居民生活用能品质持续提升。

……

三、 2035年远景目标

展望2035年，首都能源高质量发展取得决定性进展，全面建成坚强韧性、绿色低碳智慧能源体系，能源利用效率达到国际先进水平，绿色低碳关键核心技术研发和推广应用实现重大突破，城乡用能服务实现均等化。全市基本实现无煤化，能源消费总量进入达峰平台期，力争控制在9000万吨标准煤左右。

……

第三章　构建坚强韧性能源体系

坚持底线思维，强化区域协同、多元保障、应急储备，大幅提升能源资源供应和安全保障能力，构建坚强韧性能源体系。

一、建设坚强可靠电力系统

适应以新能源为主体的新型电力系统发展要求，统筹电力安全可靠供应，完善本地及周边区域电源设施布局，加快输电通道建设，优化本地电网结构，提高城市电网安全运行保障能力。

加强应急备用和调峰电源建设。继续保持华能燃煤机组应急备用的能力，加强重要用户应急自备电源建设，力争实现应配尽配全面覆盖，深挖本地电源应急备用调峰潜力。加快环京调峰电源点建设，推动燃机深度调峰改造，推动新型储能项目建设。到2025年，本市形成千万千瓦级的应急备用和调峰能力，电力应急资源配置能力大幅提升，进一步提高新能源消纳水平。

……

二、提高燃气供应保障能力

持续拓展多源多向气源通道，大幅提升应急储备能力，优化市域输配管网布局，扩大城乡覆盖，增强用气保供能力。

完善多源多向气源供应体系。推动京津冀输气管网互联互通，联结北京燃气天津南港LNG 输气通道，到 2025 年，形成“三种气源、八大通道、10 兆帕大环”的多源多向气源供应格局，城市天然气管网日输气能力达到 3 亿立方米，充分满足本市天然气全年总量和高峰用气需求。

……

三、完善清洁低碳城乡供热体系

以供热系统低碳转型为导向，不断完善城镇地区源网设施布局，持续提高农村地区清洁化供热水平，构建安全清洁、多能互补、绿色低碳的城乡供热体系。

增强城镇地区热源保障能力。加快热电联产调峰热源项目建设，建成鲁谷北重、左家庄二期、首钢南区、通州河东 4 号等调峰热源项目。积极推进蓄热设施建设，通过改电或并入市政大网等方式基本完成燃油锅炉房整合替代。深度挖掘可再生能源应用潜力，积极引导新建区域、新建项目优先利用可再生能源供热。推进燃气电厂、锅炉房和数据中心等余热回收利用，到 2025 年，全市新增余热供热面积 800 万平方米。

……

提升农村地区清洁供热水平。制定完善生态涵养区清洁能源改造、管护、运行政策机制，以电为主，因地制宜、一村一策，持续推动农村地区剩余村庄散煤清洁能源替代，到 2025 年，基本实现剩余农村散煤采暖用户清洁采暖。

四、保障清洁油品安全稳定供应

优化调整油品设施布局，建立完善成品油储备保障体系，保障北京地区成品油安全稳定可靠供应。

优化调整油品设施布局。适应重点区域开发和市场需求，优化完善油品管道、加油（气）站设施布局。改建石楼油库等设施，推进锦州—郑州成品油管道石楼支线建设。拓展存量加油站综合能源供应及服务能力，试点建设“油气氢电服”综合能源示范站。加强油品调运组织协调，确保“京 6B”油品安全可靠稳定供应。实施油品管网隐患治理工程，开展成品油零售市场专项整治，依法打击各类违法违规行为。

……

推动燕山石化绿色发展。严控、压减在京石化生产规模，加快推进炼油清洁化改造和油品升级，降低能耗和污染物排放，打造绿色高端油品基地。

五、推进老旧管线消隐改造

加快城市地下管线隐患整治，有序推进城镇老旧小区专业管线升级改造、城市重点区域电力架空线规范治理。

推进核心区老旧隐患管线整治。加强城市道路、支户线等老旧隐患事故管线排查工作，建立动态的老旧隐患管线台账，制定消隐计划。加强老旧隐患管线整治及管网的维护管理，提升设施安全水平。进一步营造安全、整洁、有序的中央政务环境。

……

第四章　实施可再生能源替代行动

切实转变城市能源发展方式，落实可再生能源优先理念，大力推动能源新技术应用与城乡规划建设融合发展，发挥重点区域绿色低碳示范引领作用，到2025年，新增能源消费优先由可再生能源替代，可再生能源消费比重力争提高4个百分点，达到14.4%以上。

一、加快本地可再生电力开发利用

在保护生态环境的前提下，坚持“宜建尽建、应用尽用”，围绕城镇建筑、基础设施、产业园区等重点领域，加快构建以分布式为特征的新型绿色电源支撑体系。到2025年，本地可再生能源新增发电装机容量217万千瓦左右，累计达到435万千瓦左右，占本市发电装机比重提高到28%左右。

……

加快推进整区屋顶分布式光伏开发试点。重点在大兴区、北京经济技术开发区、天竺综保区等6个区域推进屋顶分布式光伏发电试点工作，试点区域内党政机关，学校、医院、村委会，工商业厂房及农户建筑屋顶总面积安装光伏发电比例分别不低于50%、40%、30%和20%。到2025年，全市整区屋顶分布式光伏试点新增光伏发电装机120万千瓦。

……

有序推进生物质能发电工程。加快推进大兴安定垃圾焚烧发电厂、顺义焚烧发电厂三期建设。实现高碑店、高安屯、小红门等再生水厂污泥沼气发电工程并网发电。到2025年，全市新增生物质能装机16万千瓦，累计达到55万千瓦。

二、提升城乡可再生能源供热水平

大力推动浅层地源热泵（不含水源热泵）、再生水源热泵等供热制冷技术与常规能源供热系统融合发展，到2025年，新增可再生能源供热面积4500万平方米，可再生能源供热面积占比达到10%以上。

……

推动再生水源热泵供暖应用。在有条件的地区优先利用再生水源热泵供暖，重点推进碧水、小红门等再生水处理厂周边区域热泵供热体系建设。实施丽泽金融商务区智慧清洁能源供暖示范项目建设，试点再生水源热泵供暖与市政热网融合应用。到2025年，全市新增再生水源热泵供暖面积200万平方米。

……

加强空气源热泵推广。有序推进山区和浅山区剩余村庄散煤消减，推进空气源热泵供热改造 6 万户。推动空气源热泵在科技园区、特色小镇等重点区域的应用。到 2025 年，全市新增空气源热泵供暖面积 500 万平方米。

强化太阳能热水系统应用。鼓励有集中热水需求的学校、医院、酒店等建筑优先使用太阳能热水系统。继续在村镇建筑、农村住宅和城镇居住建筑推广应用太阳能热水系统。到 2025 年，新增太阳能热水系统应用建筑面积 400 万平方米。

……

三、打造重点功能区绿色发展样板

发挥城市重点功能区在推动能源革命中的示范引领作用，率先构建可再生能源优先、常规能源耦合、智慧灵活的能源系统，打造一批特色鲜明、低碳排放的样板工程。到 2025 年，城市功能区新建区域可再生能源利用比重不低于 20%。

……

建设北京城市副中心国家绿色发展示范区。制定北京城市副中心碳中和行动方案，全面推动可再生能源规模化应用，构建绿色低碳安全高效能源体系。建成城市绿心起步区、六合村保障房等地源热泵项目，打造张家湾等智慧能源示范小镇，建成行政办公区二期光伏发电和太阳能热水工程。到 2025 年，新增热泵供暖面积不低于 450 万平方米，新增光伏发电装机不低于 10 万千瓦，绿色低碳的能源设施体系初步建立。

……

建设一批绿色低碳示范村镇。结合美丽乡村建设，在具备条件的特色村镇试点建设一批“超低能耗建筑＋可再生能源供能＋智慧能源平台”的绿色能源示范村。支持有条件的生态涵养区积极探索碳中和路径。

……

第五章　以更大力度推动节能降碳

节能降碳是全面推进经济社会绿色低碳转型的重要着力点和紧迫要求。严格落实节能优先方针，发挥技术、管理和工程的协同作用，持续深化重点行业领域节能降碳，为实现碳达峰后稳中有降奠定坚实基础。

一、强化能源、碳排放总量和强度双控

严格实行双控目标约束。以严控化石能源消费总量为重点，以提升能源利用效率为核心，以产业结构调整和重点行业领域节能为抓手，合理控制能源消费总量，确保能源消费总量控制在 8050 万吨标准煤左右，二氧化碳排放总量率先达峰后稳中有降，单位地区生产总值能耗、二氧化碳排放降幅达到国家要求。

……

二、实施建筑领域节能降碳

建立健全建筑节能地方法规和标准，综合运用法制化、市场化手段，激发社会力量参与建筑节能降碳的积极性，强化精细化管理，全面提升建筑领域能效水平。

……

大力提升新建建筑绿色低碳水平。大力发展绿色建筑、装配式建筑，积极推广超低能耗建筑。新建居住建筑执行 80%节能设计标准，到 2025 年全面执行绿色建筑二星级标准。新建大型公共建筑全面执行绿色建筑二星级及以上标准。大力推动光伏、光热、热泵系统与城镇公共建筑、居住建筑、产业园区融合利用。鼓励有条件地区规模化开展超低能耗建筑、可再生能源与建筑一体化推广应用。

……

提升建筑运行节能管理水平。完善公共机构能耗限额标准，实施公共机构能耗限额管理，逐步实现民用建筑从电耗限额管理向全能耗定额管理转变。强化在京党政机关、事业单位、国有企业定额标准约束考核。鼓励具备条件的公共机构采用合同能源管理模式，推进政府购买合同能源管理服务。加快提升民用建筑用能管理智慧化水平。针对重点用能单位能源管理负责人，开展“节能官”培训，强化能源管理专业人员配备和能力建设，提升能源管理专业化水平。

三、构建绿色低碳交通体系

坚持绿色低碳可持续交通战略导向，持续优化城市交通出行结构、运输结构、能源结构，到 2025 年，全市汽柴油消费总量较峰值下降 20%，交通领域碳排放量实现稳中有降。

……

提高货运绿色水平。持续推进大宗生产生活物资运输“公转铁”，构建“铁路＋新能源车”绿色物流运输新模式，实现铁路运输与城市配送有效衔接。加快推动城市燃油货运车辆清洁替代，发展绿色物流。推动建设京津冀燃料电池汽车货运示范专线，到 2025 年，氢燃料电池牵引车和载货车替换约 4400 辆燃油车。

……

四、深化工业节能低碳改造

以绿色低碳发展为引领，把优化工业结构和提高能效作为推进工业节能降碳的重要途径，加快形成绿色生产方式，培育制造业绿色发展新动能。

……

深挖工业节能潜力。对标国际先进水平，动态完善工业能耗限额。组织开展工业企业能源审计，加强重点用能设备节能审查和日常监管。推广先进高效产品设备，加快淘汰落后低效设备，支持企业实施绿色节能技术改造。

五、推进新型基础设施节能降耗

适应数字经济标杆城市对新型基础设施的更高需求，坚持优化提升存量与科学布局增量并重，强化设计、建设、运行、监测全过程节能管理，持续提升能效水平。

……

有效降低 5G 基站能耗。强化绿色设计，动态调整 5G 基站功率，提高设备机房维护结构性能，合理选择空调冷源，加快现有老旧高耗能设备退网。

六、践行绿色低碳生活新风尚

深入开展绿色低碳全民行动，利用全国节能宣传周等平台，加强生态文明宣传教育，大力倡导简约适度、绿色低碳、文明健康的生活方式。实施绿色家庭、绿色学校、绿色社区等领域绿色生活创建。党政机关、国有企业、学校等企事业单位带头采取更严格、更精细化的节能管理措施。坚决遏制奢侈浪费和不合理消费，引导全社会形成勤俭节约的社会风尚。建设慢行友好城市，提升绿色出行服务水平。

第六章　强化能源科技创新引领

发挥北京作为国际科技创新中心的人才资金技术优势，全力攻关一批绿色低碳关键核心技术装备，大力推进能源新技术、新模式、新业态示范应用，全面提升能源行业数字化、智能化水平，努力把北京建设成为能源技术创新策源地和发展高地。

一、加强能源重点技术攻关和示范应用

以绿色低碳为方向，超前开展前瞻性、战略性技术研究，协同攻关一批绿色低碳关键技术，依托重点区域、重大工程、重大活动，持续推进先进可再生能源、新型电力系统、氢能、新型储能等能源领域首台（套）重大技术装备示范应用。

……

新型电力系统。发挥国家级实验室、高校院所、在京骨干能源企业等创新资源合力，加快创新突破新型柔性输配电装备技术、源网荷储一体化和多能互补集成设计等电网核心关键技术，为加快构建以新能源为主体的新型电力系统提供技术支撑。

……

新型储能。鼓励支持先进电化学储能、大规模压缩空气储能等高效率、长寿命、低成本储能技术研发，推动实现新型储能从商业化初期向规模化发展转变。在确保满足消防等安全标准前提下，积极拓展新型储能技术与智能微网、大数据中心、充电设施、工业园区等融合应用新场景。

……

二、打造能源创新高地和产业集群

发挥北京科技创新平台资源集聚优势，谋划布局一批能源科技与产业创新高地，加强国家能源研发创新平台建设和管理，打造首都能源高质量发展新引擎。

……

发挥其他创新平台示范作用。支持中科院、清华大学等在京科研机构、高等院校、各类企业设立绿色技术创新研发和成果转化中心。高水平建设大兴国际氢能示范区、中关村（房山）氢能产业园，打造一批氢能及氢燃料电池汽车创新示范高地。

三、加快能源系统数字化智能化升级

以培育能源新技术、新模式、新业态为主攻方向，促进“云大物移智链”等新技术与能源行业融合发展，全面提升能源行业数字化、智能化发展水平。

……

推动供热智能发展。结合智慧城市建设，有序推进城镇供热系统节能和智能化改造，推广分户热计量，推动平衡调节和自动监测等先进技术应用。推动新建建筑与智能化供热系统同步设计、同步建设。结合老旧小区综合整治和低效楼宇更新，同步实施供热智能化改造，进一步提高供热运行管理和服务的智能化水平。到2025年，智能供热面积力争达到1亿平方米。

……

加快综合智慧能源示范应用。推进“三城一区”构建多能互补、高效智能的区域能源综合服务系统。打造一批各具特色园区级综合智慧能源示范样板。积极推进绿色低碳技术在特色小镇建设中的嵌入式发展。提升商业综合体、高端商务楼宇智慧用能水平。

第七章 确保能源运行平稳安全

统筹发展与安全，坚持底线思维，优化完善多源多向、多能互补、区域协同的能源总体策略，以推动京津冀能源一体化为依托，构建完善首都能源综合安全保障体系，提升能源服务保障经济社会发展、人民群众美好生活和国家重大活动需要的能力水平。

一、健全首都能源安全保障机制

发挥国家煤电油气运保障工作部际协调机制的作用，以推动京津冀能源一体化为依托，构建多元主体、多类品种、多种形式互为补充、协同联动的安全保障体系和运行机制。聚焦保总量、保运行、保高峰、保结构、保储备、保极端突发事件应对，确保有机制、有政策、有计划、有合同、有平台、有服务，制定出台首都能源综合保障方案及电力、天然气、成品油保障等专项工作方案。强化“华北保京津唐、京津唐保北京”的电力调度机制，推动本市燃气企业与中石油建立长期稳定的天然气购销机制。

二、优化能源资源供需调节

发挥区域资源互补优势，加强央地协同、政企联动，扩大深化与周边省区市能源资源开发战略合作，不断拓展多元化资源供应渠道，高标准、高可靠确保在京国家重大活动和重点用户能源供应保障万无一失。加快特高压及500千伏外送通道规划建设，强化周边环网对北京电网的支撑能力。充分发挥上游供气企业、地方储气调峰设施调节保供作用，结合市场化调节手段，加强总量和高峰用气保障。充分利用辽宁、河北、山东等周边炼化企业供给能力，确保成品油安全稳定供应。切实做好华能燃煤机组应急用煤和冬季采暖用煤保障。

三、提升能源安全应急保障能力

适应城市运行季节性、高峰性用能需求，加强电气热油等主要能源品种运行监测预警，做好应对极端天气、尖峰负荷等情况能源应急保供预案。强化电网“黑启动”能力和重要用户应急自备电源建设，提升电力系统关键信息基础设施网络与信息安全防护能力。加强油气管道保护工作。完善优化电力、燃气、供热应急抢修体系布局，加强关键设施、重要用户安全防护。加强新能源、新技术安全运用研究，制定完善氢能、储能等项目安全监管标准和措施。加快推进能源储备体系和专业应急救援队伍建设，组织开展多部门、跨区域应急演练，提升重大突发事件能源应急响应和处置能力。落实落细企业安全生产主体责任，坚决防范重特大安全事故。

四、提高能源运行精细智慧水平

利用现代信息技术加快整合政府部门和企业平台数据资源，构建地上地下统筹、数据互联共享、智能高效的城市能源综合管理信息平台，显著提升能源运行监测预警、调度指挥、应急保障和决策管理水平。优化完善气、电、热多能源联合调度，强化需求侧管理调节。分类有序推动散小供热资源整合，提升供热管理服务集约化、规范化水平。

第八章　深化区域能源协同合作

坚持优势互补、互利共赢，多层次、宽领域推动区域资源开发、设施建设、要素市场等协同发展。统筹推动京津冀及周边地区能源结构低碳化转型，显著提升区域能源绿色低碳水平。

一、共建共享区域能源设施

坚持区域统筹、协同联动，滚动实施京津冀能源协同发展行动计划，规划建设一批跨区域电力、燃气等重点能源项目，构建完善互联互通、互保互济的坚强电力网架结构和天然气供给体系。

……

形成多源多向区域天然气供应保障格局。统筹优化陕京系统、中俄东线等上游天然气资源，加强京津冀管网设施互联互通、互保互济。推进大港、华北储气库等周边地下储气库群达容扩容，加快区域 LNG 应急储备设施建设，构建形成能力充足的区域天然气储气调峰设施。

二、推动区域能源绿色发展

发挥区域可再生能源资源丰富优势，统筹清洁能源开发基地和绿电通道布局，大力提升可再生能源开发规模和绿电消纳水平。

……

实现区域可再生能源多元化利用。开展区域绿色电力市场化交易试点，不断扩大区域内绿电供需双方交易规模，持续提高跨区域绿电消纳水平。创新绿电消纳模式，完善价格引导机制，推动绿电在蓄热采暖、错峰充电、数据中心等领域的规模化应用。积极参与京津冀氢燃料电池汽车示范城市群建设，合力打造氢能与氢燃料电池全产业链。

三、扩大区域能源交流合作

搭建多层次、常态化的区域能源交流合作平台，推动区域要素市场联通，完善区域能源合作机制。

……

完善区域能源合作机制。依托国家煤电油气运保障工作部际协调机制，构建完善央地协同、多方联动的首都能源安全保障机制。在京津冀协同发展领导小组的统筹指导下，强化三地能源主管部门常态化、机制化对接沟通，共同推动规划政策衔接、重大项目落地。

第九章　完善能源发展体制机制

全面落实党中央、国务院关于深化能源体制机制改革的各项决策部署，以更大力度推动能源重点领域和关键环节改革，健全完善有利于绿色低碳发展的法规、标准、价格、财税和市场体系，为首都能源绿色低碳转型提供有力保障。

一、加强能源法规标准体系建设

加强顶层设计，强化引导约束，不断完善能源法规标准体系，健全能源绿色低碳导向目标考核机制。

……

强化绿色低碳发展引导约束。落实本市碳中和行动纲要，科学制定能源结构调整及节能、建筑、交通、产业等重点领域节能减碳“十四五”实施方案。将可再生能源利用作为各级规划体系的约束性指标，建立可再生能源指标分解考核机制，考核结果纳入市级生态环境保护督察范围。

……

二、深化能源价格机制改革

纵深推进电力价格改革。按照国家“管住中间、放开两头”的总体思路，逐步理顺输配电价结构，强化垄断环节价格监管。落实国家电价改革部署，平稳推进销售电价改革，有序推动工商业用户参与电力市场化交易，完善居民阶梯电价制度。

……

完善供热价格机制。结合碳中和目标下供热系统重构和低碳供热技术应用，研究建立有利于促进节能低耗、绿色高效的供热价格管理机制。按照同热同价的原则，稳妥推进居民供热价格改革。

……

三、完善绿色低碳财税金融政策

加大财政支持力度。充分发挥市场在资源配置中的决定性作用，在政府加强行业标准制定、规范引导市场行为的同时，市、区财政部门对绿色低碳能源发展应用给予更大支持。

……

四、创新能源绿色发展市场化机制

建立健全用能权和碳排放权交易制度。研究用能权交易方案，探索开展本市用能权交易试点。深入开展碳排放权交易，完善碳排放权交易机制，逐步拓展碳市场覆盖行业和交易产品，加强碳交易数据质量管理。高水平建设国家级绿色交易所，承建全国自愿减排交易中心。

……

优化能源营商环境。持续深化能源领域营商环境改革，打通政策落地“最后一公里”。持续扩大电力、燃气等市政设施接入“三零”服务和“非禁免批”适用范围，提升企业、群众满意度和获得感。深化能源领域“放管服”改革，精简行政审批事项，强化政府事中事后全链条监管，全面提升政务服务效能。

五、积极开展国际交流合作

在应对气候变化、能源清洁转型等领域扩大深化国际合作，学习借鉴国际先进经验，宣传北京能源绿色低碳转型发展实践成效。积极参与碳达峰、碳中和国际行动，为提高经济社会绿色发展水平贡献“北京方案”，做出“北京示范”。

第十章　加强规划实施保障

加强对本规划实施的组织协调，完善规划实施监测评估机制，提高政府规划管理科学化水平。

一、强化规划统筹实施

增强本规划的引导和约束功能，加强本规划与国家能源规划及生态环境、城市管理、重点功能区等市级专项规划在发展目标、重点任务、重大项目等方面的协调衔接。健全完善规划实施机制，将规划主要目标和重点任务细化分解落实到各区、各有关部门和重点能源企业。聚焦本规划确定的战略重点和主要任务，制定实施一批专项行动计划或实施方案，细化落实发展任务的时间表和路线图。

二、推进重大项目滚动实施

坚持以规划确定项目，以项目落实规划。依据本规划制定重大工程项目清单，对清单内工程项目优化审批程序，主动做好规划选址、土地供应和资金需求等对接服务。发挥市区重大项目协调平台作用，及时解决项目建设实施中存在的问题，推动项目顺利实施、按期投运。

三、加强规划实施监测评估

开展规划实施情况动态监测、中期评估和总结评估。加强第三方独立评估，提高规划实施评估工作的客观性和科学性。重视运用互联网、大数据等技术手段开展规划实施动态监测分析。本规划实施进展情况形成书面报告报送市政府和国家能源规划主管部门。规划实施外部环境如发生重大变化，及时提出规划调整建议，并按法定程序报市政府和国家能源规划主管部门批准。

四、扩大公众参与

充分利用现代网络媒体，持续开展规划理念、发展目标及重点任务的宣传解读，让推动经济社会绿色低碳转型成为全社会的广泛共识和自觉行动。加强规划及相关政策信息公开，完善规划实施社会监督机制。搭建面向公众的多元化宣传展示平台，普及推广绿色低碳技术知识，营造全社会人人参与绿色低碳发展的良好氛围。

第十一章　规划环境影响分析

“十三五”以来，本市能源消费总量平稳增长，能源结构加速优化，电力、天然气等优质能源占比持续提高，能源领域污染物排放总量显著下降。“十四五”期间，预计本市能源消费总量持续增长，要积极主动采取一系列减排措施，持续削减能源各类污染物排放总量。

一、“十三五”本市能源领域减排成效

“十三五”期间，本市通过采取大力压减燃煤、发展可再生能源、调整退出不符合首都功能定位的一般制造业企业、提高排放标准等大气污染防治措施，能源领域各类污染物排放显著下降。综合测算，2020 年，与本市能源利用直接相关的 SO_2、NO_X、PM_{10} 和 $PM_{2.5}$ 排放总量分别比 2015 年下降 82%、65%、88%和 88%。

二、“十四五”本市能源减排效果测算

（一）主要减排措施

“十四五”时期，本市将采取优化调整能源、建筑、交通、产业结构，推动重点领域节能降碳，提高可再生能源发电供热比重等措施，进一步削减能源污染物排放总量。

1. 严格执行环境保护相关法律法规和建设项目环境影响评价制度，充分发挥政策标准的引导约束作用。

2. 动态完善新增产业禁止和限制目录，严控、压减在京石化生产规模和剩余水泥产能，引导重点用能企业绿色化、智能化、数字化转型升级。

3. 持续优化能源结构，基本完成全市燃油供热锅炉和剩余农村村庄供暖散煤清洁改造；华能燃煤机组非应急情况下不启动。到 2025 年，煤炭消费量控制在 100 万吨以内。

……

（二）减排效果测算

到 2025 年，在本市能源消费总量、天然气消费量均有所增长，煤炭消费量下降的基础上，结合上述各项减排措施推进实施，与本市能源领域相关的直接排放的 SO_2、NO_X、PM_{10} 和 $PM_{2.5}$ 的排放总量将分别比 2020 年下降约 37%、11%、93%和 93%。

……

参考文献

[1] Werner Weiss etc. Solar Heating Worldwide 2021［M］. IEA Solar Heating & Cooling Programme，2021.

[2] 闫玉波，李仁星，李博佳．北京市高层住宅建筑太阳能热水系统应用［M］．北京：中国建筑工业出版社，2019.

[3] 王珊珊，马欣伯，张亮亮，等．太阳能热水系统建筑应用工程质量调研分析［J］．建设科技，2020（15）：8-12+16.

[4] 郑瑞澄．民用建筑太阳能热水系统工程技术手册［M］. 2版．北京：化学工业出版社，2011.

[5] 郑瑞澄，路宾，李忠，何涛．太阳能供热采暖工程应用技术手册［M］．北京：中国建筑工业出版社，2012.

[6] 中国建筑科学研究院有限公司．近零能耗建筑技术标准［S］. GB/T 51350—2019. 北京：中国建筑工业出版社，2019.

[7] 中国建筑科学研究院有限公司．建筑节能与可再生能源利用通用规范［S］. GB 55015—2021. 北京：中国建筑工业出版社，2021.

[8] 北京市建筑设计研究院有限公司．居住建筑节能设计标准［S］. DB 11/891—2020. 北京：北京市市场监督管理局，北京市规划和自然资源委员会，2020.

[9] 北京建筑节能与环境工程协会，北京城建科技促进会，北京首建标工程技术开发中心．民用建筑太阳能热水系统应用技术规程［S］. DB11/T 461—2019. 北京：北京市市场监督管理局，北京市住房和城乡建设委员会，2019.

[10] 中国石油和化工勘察设计协会，浙江振申绝热科技股份有限公司．工业设备及管道绝热工程质量检验评定标准［S］. GB/T 50185—2019. 北京：中国计划出版社，2019.

[11] 建筑材料工业技术监督研究中心，中国疾病预防控制中心环境与健康相关产品安全所，北京中关村国际环保产业促进中心．设备及管道绝热技术通则［S］. GB/T 4272—2008. 北京：中国标准出版社，2008.

[12] 沈阳市城乡建设委员会．建筑给水排水及采暖工程施工质量验收规范［S］. GB 50242—2002. 北京：中国标准出版社，2004.

[13] 上海锅炉工程研究所，国家电力公司电气需求侧管理指导中心．电加热锅炉　技术条件［S］. JB/T 10393—2003. 北京：机械工业出版社，2002.

[14] 中国机械工业勘察设计协会．工业锅炉安装工程施工及验收标准［S］. GB 50273—2022. 北京：中国计划出版社，2022.

[15] 浙江省住房和城乡建设厅．建筑电气工程施工质量验收规范［S］. GB 50303—2015. 北京：中国计划出版社，2016.

[16] 中国电气企业联合会，中国电力科学研究院．电气装置安装工程　接地装置施工及验收规范［S］. GB 50169—2016. 北京：中国计划出版社，2017.

[17] 中国电力企业联合会，北京建工集团有限责任公司．电气装置安装工程　低压电器施工及验收规范［S］. GB 50254—2014. 北京：中国计划出版社，2014.

[18] 中国建筑科学研究院．建筑工程施工质量验收统一标准［S］. GB 50300—2013. 北京：中国建筑工业出版社，2014.

[19] 同方股份有限公司．智能建筑工程质量验收规范［S］. GB 50339—2013. 北京：中国建筑工业出版社，2014.